高职高专"十三五"规划教材

机电专业系列

机械制图与计算机制图 实训指导

编著 安淑女 张少鹏

U0250436

南京大学出版社

图书在版编目（CIP）数据

机械制图与计算机制图实训指导 / 安淑女，张少鹏
编著. —南京：南京大学出版社，2017.10
高职高专"十三五"规划教材. 机电专业系列
ISBN 978 - 7 - 305 - 19333 - 0

Ⅰ. ①机… Ⅱ. ①安… ②张… Ⅲ. ①机械制图—高
等职业教育—教材 ②计算机制图—高等职业教育—教材
Ⅳ. ①TH126 ②TP391.41

中国版本图书馆 CIP 数据核字(2017)第 242608 号

加入读者圈
学绘图技巧

出版发行　南京大学出版社
社　　址　南京市汉口路 22 号　　　邮　　编　210093
出 版 人　金鑫荣
丛 书 名　高职高专"十三五"规划教材·机电专业系列
书　　名　机械制图与计算机制图实训指导
编　　著　安淑女　张少鹏
责任编辑　刘 洋　吴 汀　　　　编辑热线　025 - 83592146
照　　排　南京理工大学资产经营有限公司
印　　刷　宜兴市盛世文化印刷有限公司
开　　本　787×1092　1/16　印张 8.5　字数 207 千
版　　次　2017 年 10 月第 1 版　2017 年 10 月第 1 次印刷
ISBN 978 - 7 - 305 - 19333 - 0
定　　价　23.80 元

网　　址：http://www.njupco.com
官方微博：http://weibo.com/njupco
微信服务号：njuyuexue
销售咨询热线：(025)83594756

前　言

　　职业教育既包含高等性又具有职业性，是跨界教育。"职业"性是重点，是基因。职业的内涵是规范高职院校专业设置、课程开发和考核评价的标准，也是高职院校区别于普通高校的基本特征。只有充分研究职业，按照职业的规范、过程、要求和逻辑重组知识和技术进行实施教学即工学结合，才能凸显职业教育的特点。在关注教育科学与职业科学的前提下，遵从教育规律和认知规律，遵从学生的职业成长和生涯发展规律的基础上，以工作过程为导向，对机械制图与计算机绘图课程进行了总体设计，课程模式、课程内容的选择和序化后进行"革命性"的改变，形成基于工作过程的工学一体化的动态课程结构。

　　本书与已有的《机械制图》及《机械制图项目实施集》配合使用，把职业性的社会需求与教育性的个性需求结合起来，凸显高职教育目标特色，教学实施的行动学习，实习实训的职业情境，为学生顺利走入"工作世界"奠定良好基础。

　　本书内容由三大项目共 21 个任务组成。具体为机械制图能力训练、计算机绘图能力训练、综合能力训练（零部件测绘）。充分体现学生的学习过程是理论与实践一体化的职业能力发展过程。其中机械制图能力训练部分如果教学实施时间有限，可以作为计算机绘图上机训练的教学素材，让学生上机实训时完成指定图形的绘制。

　　本书计算机绘图部分采用设计部门和人员广泛使用的 AutoCAD 软件，贯彻《技术制图》《机械制图》《机械工程 CAD 制图规则》等最新国家标准，训练内容的编排与课程教学基本一致，后面的附录部分编排了计算机绘图上机模拟测试、课程期末模拟测试、华东区 CAD 竞赛试题、计算机绘图师技能考证试题，便于学习者参考。

　　本书不受 AutoCAD 软件版本的限制，以任务为载体突出实用性、职业性，重点进行识读与绘图能力训练，为适应不同水平的学习者，任务载体由简单到复杂，层次分明，图形多且具有代表性，在学习过程中学习者可以自行选择，以提高学习兴趣，同时识读与绘图能力逐步提升，以达到预期的教学目标，圆满完成教学任务。

　　本书是编者总结 30 多年的教学经验编写而成，可以作为《机械制图及计算机绘图》课程学习的配套教材，也可以作为制图员、计算机绘图师的考证练习的参考资料。

　　由于编者水平有限，书中难免存在错误或不足之处，恳请广大读者批评指正。

编　者

2017.5

目　录

项目一 机械制图能力训练

任务一 线型练习与几何作图

一、教学情境

1. 根据图 1.1 内容,绘制各种图线和图形。
2. 绘制图框线和标题栏(参照本书配套主教材《机械制图》第 3 页上的简易标题栏格式)。

二、学习目标

1. 熟悉有关图幅、图线、字体、比例、尺寸标注等有关国家标准。
2. 熟悉几何作图过程。
3. 熟悉绘图工具和仪器的正确使用方法。
4. 初步了解工程图样的绘图过程与步骤。

三、实施过程

1. 阅读相关知识点:线型、比例、字体、图框、尺寸标注、几何作图。
2. 选用 A3 图纸,横放,比例 1:1,标注尺寸,图名为"线型练习"。
3. 严格执行国家标准的各项有关规定。
4. 熟悉手工绘图的方法与步骤、工具与仪器的使用方法。

四、实施方法

1. 鉴别图纸正反面,固定图纸,用细实线画出图框线及标题栏。
2. 布置视图。注意图面布置要均匀,应考虑到尺寸标注的位置,留出标注尺寸的空间,作图、尺寸量取要准确无误。
3. 画同心圆时,应先画大圆再画小圆。
4. 绘制底稿时使用 2H 或 H 型铅笔,图线应画成轻而细的细实线。
5. 底稿完成后要认真检查,确认无误后再标注尺寸。
6. 按照国家标准规定的线型使用 HB 或 B 型铅笔描深图线,相同形式的线型应尽量保持一致。
7. 深入进行检查,避免图形错误与遗漏尺寸标注。
8. 标题栏中的图名、校名使用 10 号字,日期使用 3.5 号字,其余均使用 5 号字书写。
9. 图样完成后应整理图面,注意图面的整洁。

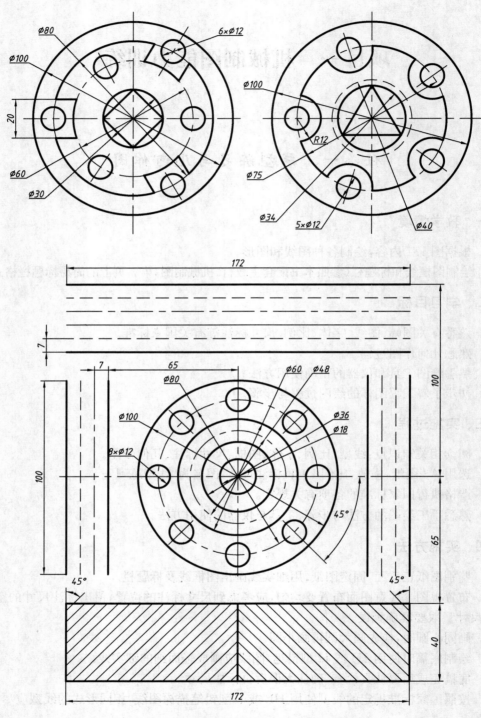

图 1.1　线型练习与几何作图

任务二　平面图形的绘制

一、教学情境

根据图 1.2 所示图形，自行选取 3 个平面图形进行绘图。

二、学习目标

1. 掌握平面图形的尺寸分析、线段分析，进一步熟悉尺寸标注。
2. 掌握圆弧连接的作图方法、平面图形的绘制方法。
3. 掌握尺寸标注等国家标准的有关规定。
4. 进一步熟悉绘图工具、仪器的正确使用方法。
5. 进一步熟悉工程图样的作图方法与步骤。

三、实施过程

1. 选用 A3 图纸，横放，比例 1∶1，标注尺寸，图名为"平面图形"。
2. 严格遵守国家标准有关图幅、图线、尺寸标注等规定，全图中尺寸箭头大小应一致，同类线型的图线宽度、长度、间隔等要素应一致。
3. 阅读相关知识点：圆弧连接方法、平面图形的尺寸分析、线段分析、作图方法。

四、实施方法

1. 根据画图比例和所绘图形的总体尺寸，计算后布置图形。图形布置后要均匀美观。
2. 进行图形的尺寸分析，确定线段的性质。
3. 确定绘图步骤。按照基准线——已知线段——中间线段——连接线段的顺序绘图。将连接点（切点处）和连接弧的中心做好标记，便于描深图线时使用。
4. 底稿完成后，应认真检查图形是否有错误。
5. 按照国家标准规定的图线标准进行描深。注意描深的顺序：先圆后线，先水平后垂直。
6. 标注全部尺寸并进行检查，避免遗漏尺寸。
7. 填写标题栏，标题栏中的图名、校名使用 10 号字，日期使用 3.5 号字，其余均使用 5 号字书写。
8. 整理图面及图线交、接、切处细节。

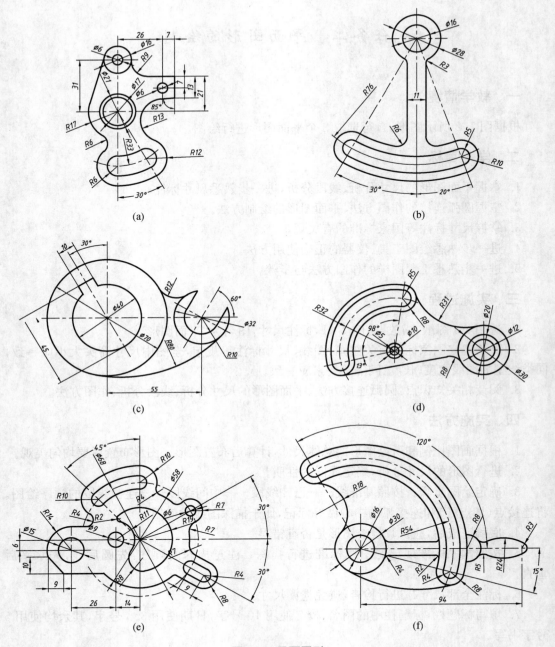

图 1.2 平面图形

任务三 简单形体三视图绘制

一、教学情境

根据图 1.3 所示形体,自行选取 3 个形体进行三视图绘制并标注尺寸。

二、学习目标

1. 掌握简单形体三视图的绘制方法。
2. 熟练掌握绘图工具、仪器的正确使用方法。
3. 进一步掌握工程图样的作图方法与步骤。
4. 熟练掌握工程图样的尺寸标注方法。

三、实施过程

1. 选用 A3 图纸,横放,比例 1∶1,图名为"形体三视图"。
2. 严格遵守国家标准有关图幅、图线等规定,图面要整洁,视图布置要均匀美观,同类线型的图线应一致。
3. 阅读相关知识点:正投影特性、三视图的形成、形体三视图间的位置、尺寸关系。
4. 阅读国家标准关于尺寸标注的有关内容。

四、实施方法

1. 根据画图比例和所绘图形的总体尺寸,计算后布置图形。三个形体的三视图图形布置要均匀美观。
2. 分析形体,确定绘图步骤。
3. 用细实线画底稿。
4. 形体的三面投影要符合位置关系、尺寸关系(长对正、高平齐、宽相等)、方位关系。
5. 描深图线。底稿完成后,应认真检查,投影关系无误后按照国家标准规定的图线标准进行描深。
6. 标注每个形体的尺寸。注意不要遗漏尺寸和重复标注尺寸。
7. 填写标题栏,标题栏中的图名、校名使用 10 号字,日期使用 3.5 号字,其余均使用 5 号字书写。
8. 整理图面及图线交、接、切处细节。

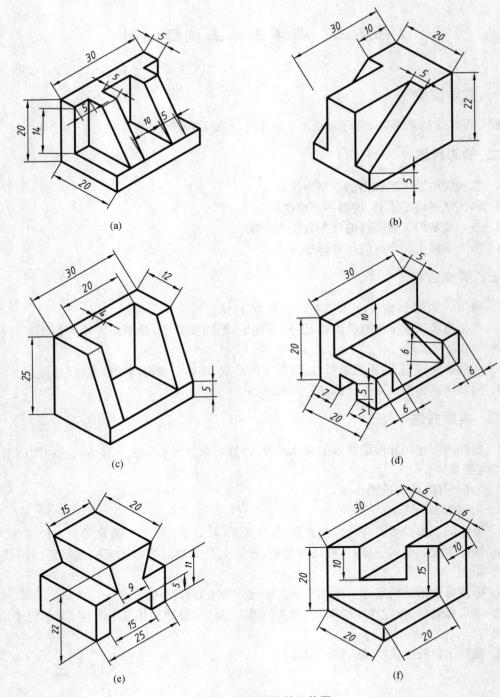

图 1.3 简单形体的立体图

任务四 组合体三视图绘制

一、教学情境

根据图 1.4 所示组合体,自行选取一个组合体绘制其三视图并标注尺寸。

二、学习目标

1. 熟悉应用形体分析法、线面分析法绘制组合体三视图的方法。
2. 熟悉组合体尺寸标注方法。
3. 熟练掌握绘图工具、仪器的正确使用方法。
4. 熟练掌握工程图样的作图方法与步骤。

三、实施过程

1. 选用 A3 图纸,横放,比例 1∶1,图名为"组合体"。
2. 严格遵守国家标准有关图幅、图线等规定,图面要整洁,视图布置要均匀美观,同类线型的图线应一致。
3. 正确标注各类尺寸。
4. 阅读相关知识点:组合体的形体分析法、三视图画图注意的问题与画图方法、尺寸标注方法。

四、实施方法

1. 选取主视图的投射方向。主视图的投射方向应能反映组合体的形状特征与位置特征。
2. 根据画图比例和所绘图形的总体尺寸,计算后布置组合体的三个视图。三个形体的三视图图形布置要均匀美观,各视图间要留有标注尺寸的空间。
3. 分析形体,确定绘图步骤。先用细实线画底稿。形体投影要符合尺寸规律:长对正、高平齐、宽相等。
4. 底稿完成后,应认真检查,投影无误后按照国家标准规定的图线标准进行描深。
5. 选择尺寸基准,标注各类尺寸,并认真检查是否遗漏尺寸。检查时,可以按照分类也可以按照长、宽、高方向进行检查。
6. 填写标题栏,标题栏中的图名、校名使用 10 号字,日期使用 3.5 号字,其余均使用 5 号字书写。
7. 整理图面及图线交、接、切处细节。

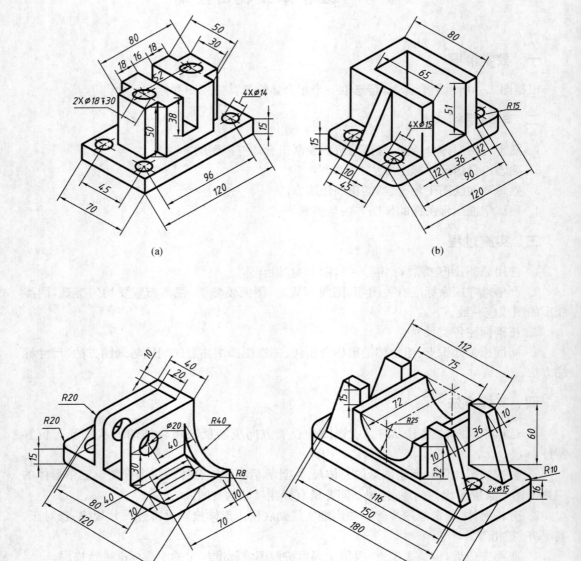

(a)

(b)

(c)

(d)

图 1.4　组合体的轴测图

任务五　机件表达方法综合应用

一、教学情境

根据图 1.5 所示机件,自行选取一个机件,分析其形状与结构,综合应用机件的表达方法,完整、清晰地表达其内外形状,并标注尺寸。

二、学习目标

1. 综合运用各类表达方法表达机件的形状,提高绘制机件视图与剖视图的能力。
2. 掌握正确标注机件尺寸的方法。
3. 掌握使用工具、仪器绘制工程图样的方法与步骤。

三、实施过程

1. 选用 A3 图纸,横放,比例 1∶1,图名为"箱盖"。
2. 严格遵守国家标准有关图幅、图线等规定,图面要整洁,视图布置要均匀美观,同类线型的图线应一致。
3. 正确标注机件各类尺寸,尺寸标注要齐全且排列整齐。
4. 表达方法要恰当,视图的选择要合理、清晰。
5. 阅读相关知识点:国家标准规定的各类表达方法的画法与应用、机件表达方法的选择原则、尺寸标注方法。

四、实施方法

1. 根据机件的两视图进行形体分析,想象机件的形状。
2. 列举至少两种表达方案进行对比,选取机件的最佳表达方案。
3. 根据画图比例和所绘图形的数量与机件总体尺寸,计算后布置机件的视图。机件视图图形布置要均匀美观,各视图间要留足标注尺寸的空间。
4. 确定绘图步骤,先画底稿。注意各视图的投影要符合尺寸规律:长对正、高平齐、宽相等。
5. 选择尺寸基准如机件的底面、对称中心面、回转体的轴线,标注各类尺寸。
6. 底稿完成后,应认真检查,投影无误后按照国家标准规定的图线标准进行描深。
7. 填写标题栏,标题栏中的图名、校名使用 10 号字,日期使用 3.5 号字,其余均使用 5 号字书写。
8. 整理图面及图线交、接、切处细节。

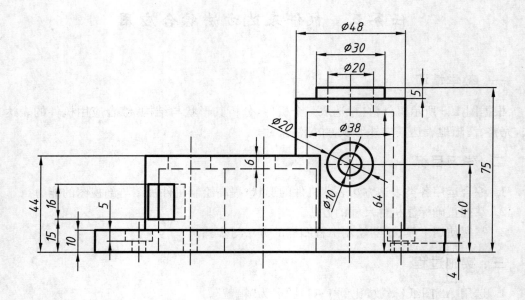

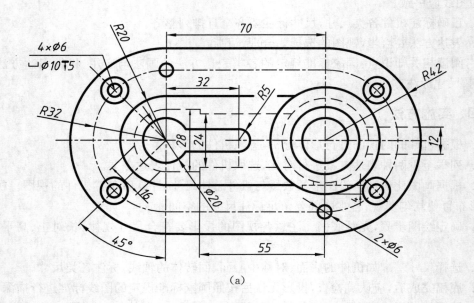

（a）

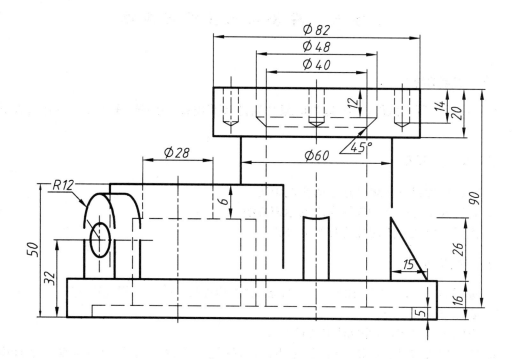

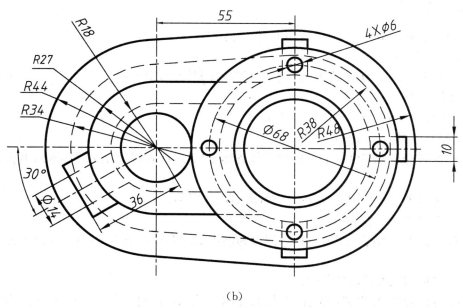

（b）

图 1.5 机件的两视图

任务六　螺栓与双头螺柱连接

一、教学情境

根据图 1.6 所示机件,选择适当的螺纹制件将其连接,画出其连接图。自行选择其一作图。

二、学习目标

1. 掌握螺栓或双头螺柱连接的比例画法。
2. 掌握螺纹标准件的选择应用及标记方法。
3. 熟悉螺栓或双头螺柱连接图的画法。

三、实施过程

1. 选用 A3 图纸,横放,比例 1∶1,图名为"螺栓连接"或"双头螺柱连接"。
2. 表达方法要合理。
3. 视图布置要均匀,并标注必要的尺寸。
4. 阅读相关知识点:螺纹制件的选用方法、标记方法、螺栓连接及双头螺柱连接简化画法。

四、实施方法

1. 根据视图所给图示条件,选用适当的连接方式。
2. d、l 值计算:

根据孔径=1.1d,计算 d;根据配套教材《机械制图》所示 l 的公式计算 l 值,l 值计算后圆整取国家标准值。

螺栓连接:$l \geqslant \delta_1 + \delta_2 + h + m + a$

双头螺柱连接:$l \geqslant \delta + h + m + a$

3. 根据 d 查表确定螺纹制件的类型和各部分尺寸,或者按照比例算出螺纹制件画图所需要的尺寸。
4. 主视图画成剖视图形式,俯、左视图画成视图形式。
5. 布置视图,绘制底稿。
6. 标记标准件与标注尺寸。按照国家标准规定的形式标记螺纹制件,标注被连接件的必要尺寸。
7. 检查视图无误后,描深图线。
8. 填写标题栏,标题栏中的图名、校名使用 10 号字,日期使用 3.5 号字,其余均使用 5 号字书写。
9. 整理图面及图线交、接、切处细节。

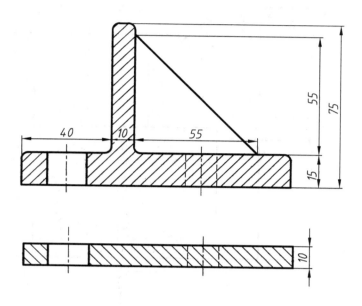

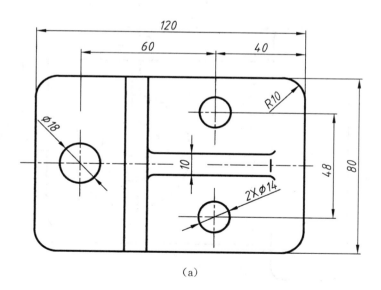

（a）

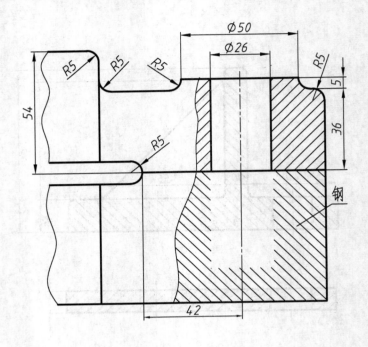

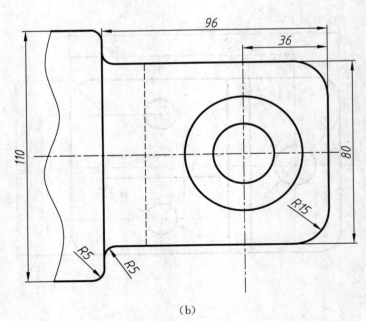

（b）

图 1.6 机件的视图

任务七 零件图绘制

一、教学情境

阅读图 1.7 所示夹具体零件图,将其绘制在图纸上。

二、学习目标

1. 熟悉零件图上的内容。
2. 熟悉识读零件图的基本方法。
3. 熟悉绘制零件图的基本方法与步骤。
4. 提高零件图的识读与绘图能力。

三、实施过程

1. 选用图纸大小,绘图比例 1∶1,图名为"夹具体",其材料为 HT150。
2. 阅读相关知识点:图样画法及零件图的内容、读图及绘图方法、尺寸标注、技术要求的标注方法。
3. 仔细阅读零件图,回答思考问题。
4. 仔细识读图上的每个细节,所有内容均绘制在图纸上。
5. 正确标注尺寸、技术要求。

四、实施方法

1. 根据绘图比例及零件的总体尺寸,选用合适的图幅尺寸。
2. 阅读夹具体零件图,看懂投影关系与图上的每个细节。
3. 选择绘图基准,绘制基准线,合理布局视图。
4. 绘制底稿。保证图上的投影关系正确无误。
5. 标注尺寸与技术要求。尺寸与技术要求的标注要符合国家标准。
6. 检查。重点检查视图线型及投影关系是否正确,尺寸标注、技术要求的标注是否有遗漏。
7. 描深图线。按照先圆后线,先大后小,先水平后垂直的顺序描深图线,注意直线与圆弧线宽的一致性,同类线型的一致性。
8. 填写标题栏。标题栏中的图名、校名使用 10 号字,日期使用 3.5 号字,其余均使用 5号字书写。
9. 整理图面及图线交、接、切处细节。

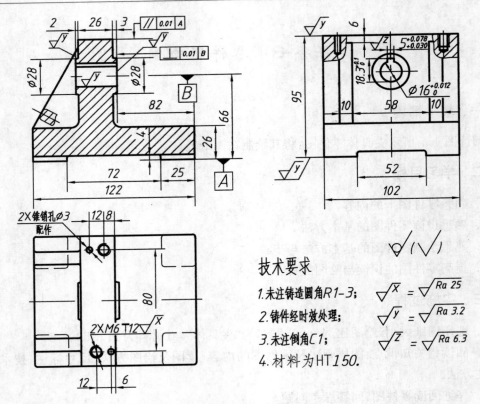

图 1.7　夹具体的零件图

五、思考问题

1. 夹具体所采用的表达方法 _____
2. 该夹具体的总体尺寸,长 _____,宽 _____,高 _____。
3. 俯视图的四个虚线框表示 _____,其尺寸为 _____。
4. 三角形的支撑筋板有 _____个,其尺寸为 _____。
5. 销孔有 _____个,其定形尺寸为 _____,其定位尺寸为 _____。
6. 螺纹孔有 _____个,其定形尺寸为 _____,其定位尺寸为 _____。
7. φ16 孔的形状为 _____,其定位尺寸为 _____,
定位尺寸为 _____。
8. $\boxed{// \mid 0.01 \mid A}$ 表示 _____。
9. $\boxed{\perp \mid 0.01 \mid B}$ 表示 _____。
10. 粗糙度 $\sqrt{}^{Ra\,3.2}$ 的表面有 _____。
11. 粗糙 $\sqrt{}^{Ra\,6.3}$ 的表面有 _____。
12. 符合 ✓ ✓ 表示 _____。

任务八　由机件轴测图绘制零件图

一、教学情境

根据图 1.8 所示机件的轴测图绘制其零件图。

二、学习目标

1. 掌握零件图上的内容。
2. 掌握零件表达方案的选用原则。
3. 掌握绘制零件图的基本方法与步骤。
4. 进一步提高机件表达方法的综合应用与零件图的绘制能力。

三、实施过程

1. 阅读相关知识点：图样画法、零件的表达方案选用原则、典型零件的结构分析、技术要求的标注、尺寸标注。
2. 选用 A3 图纸，比例 1∶1，任选其一作图。轴的材料为 45，阀体的材料为 HT150。
3. 选用合适的表达方案，均匀布置视图。
4. 正确标注尺寸、技术要求。

四、实施方法

1. 分析零件的结构形状与特点。
2. 查阅相关资料，阅读同类零件的表达方案。
3. 列出该机器零件至少两组表达方案，经对比后优选其中最佳的表达方案。
4. 布置视图。选择作图基准线，根据所绘视图的数量布置视图位置，要留足标注尺寸与技术要求的空间。
5. 绘制底稿。
6. 正确标注机件的尺寸、技术要求。
7. 检查。按照所绘视图的投影关系是否正确，尺寸与技术要求的标注等是否遗漏仔细检查。
8. 描深图线。注意同类线型的一致性。
9. 填写标题栏。标题栏中的图名、校名使用 10 号字，日期使用 3.5 号字，其余均使用 5 号字书写。
10. 整理图面及图线交、接、切处细节。

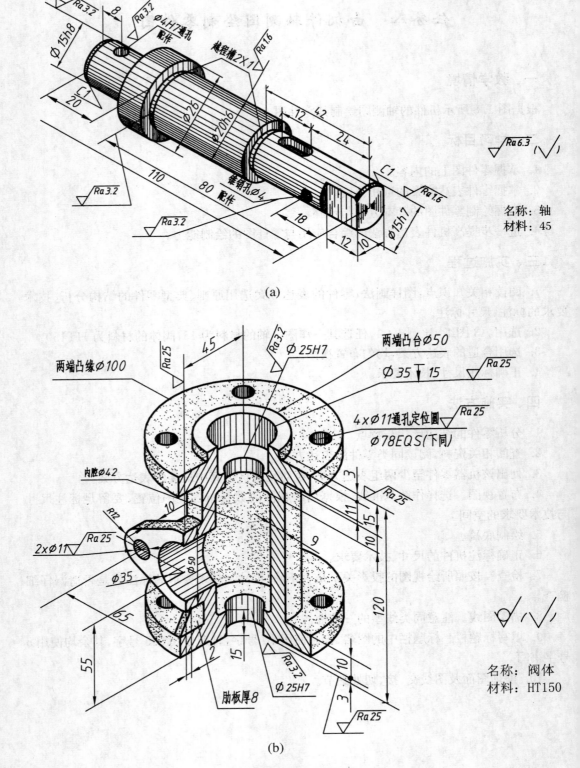

(a)

(b)

图 1.8　机件的轴测图

任务九　由零件图绘制装配图

一、教学情境

根据图 1.9 所示机用虎钳装配示意图和各零件图绘制其装配图。

二、学习目标

1. 熟悉装配图的内容。
2. 掌握装配图的表达方法。
3. 掌握绘制装配图的一般方法与步骤。

三、实施过程

1. 选用 A3 图纸,横放,比例 1∶1,图名为"机用虎钳"。
2. 选用最佳表达方案,将机用虎钳的工作原理和装配关系表达清楚。
3. 标注尺寸与技术要求。
4. 图面整洁,布置合理,线型符合国家标准。
5. 阅读相关知识点:装配图的内容、表达方法、绘图方法及注意的问题。

四、实施方法

1. 阅读装配示意图,了解装配体的工作原理,将零件图序号与示意图对照,分析装配体的复杂程度与大小。
2. 阅读零件图,分析各零件的装配顺序、零件间的装配关系、连接方式。
3. 首先确定主视图的表达方案,再选择其他视图的表达方案。
4. 绘制绘图的基准线,合理布局各视图。
5. 从主视图的固定钳身画起,按照投影规律、装配的顺序依次绘图。
6. 两相邻零件的剖视图剖面线方向、间隔应不同,两接触面、配合面、非接触面的画法。
7. 标注总体尺寸、配合尺寸、性能尺寸、安装尺寸、其他重要尺寸。两护口板的最大距离为70。
8. 填写技术要求,如安装要求、使用要求、检验要求等。
9. 编写零件的序号,绘制标题栏和明细表。标题栏中的图名、校名使用 10 号字、日期使用 3.5 号字,其余均使用 5 号字书写。
10. 检查无误后描深图线。
11. 整理图面及图线交、接、切处细节。

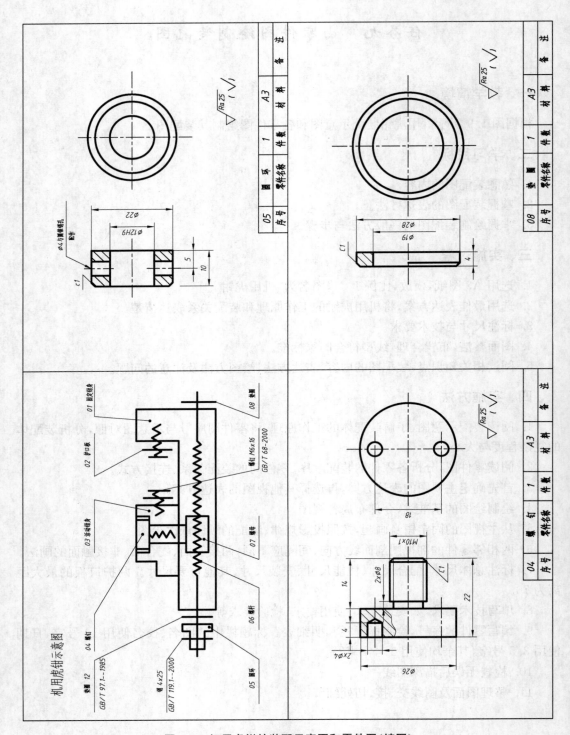

图 1.9　机用虎钳的装配示意图和零件图(续图)

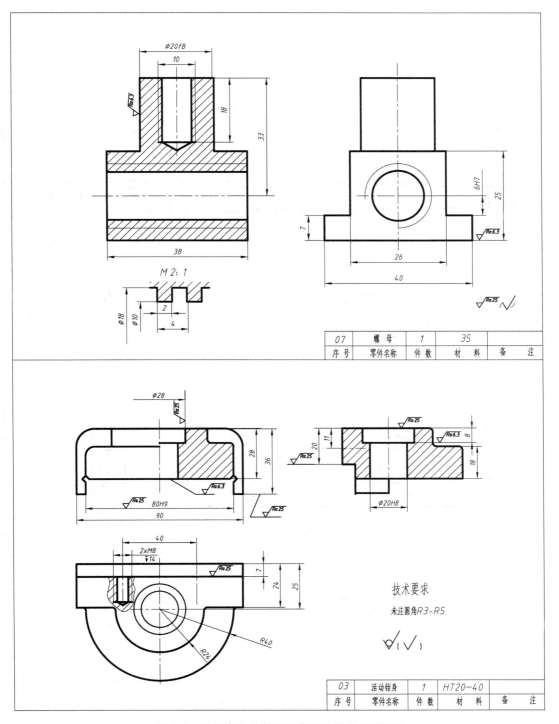

图 1.9 机用虎钳的装配示意图和零件图（续图）

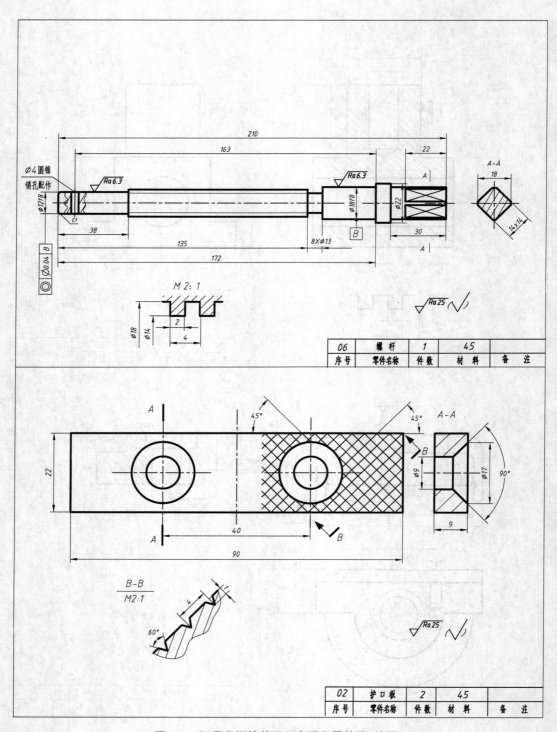

图 1.9　机用虎钳的装配示意图和零件图（续图）

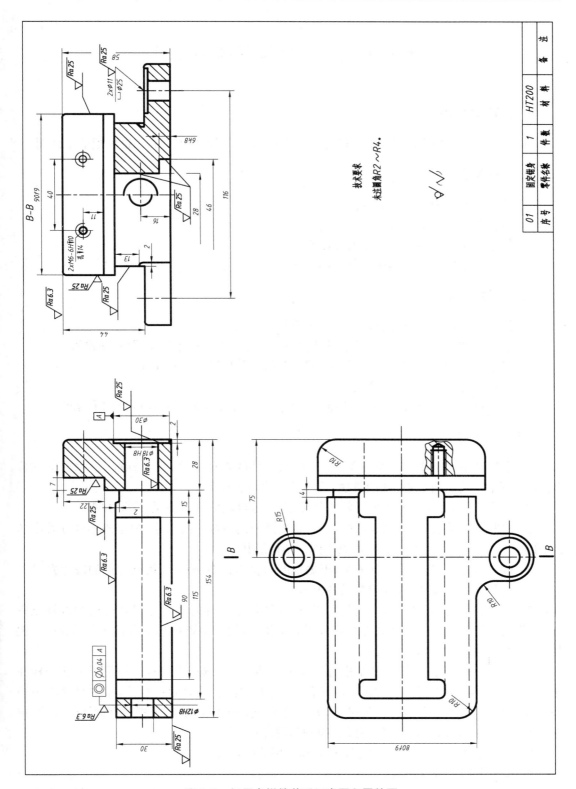

图 1.9　机用虎钳的装配示意图和零件图

任务十　由装配图拆画零件图

一、教学情境

根据图 1.10 所示钻模装配图,进行识读后拆画"件 1"底座和"件 2"钻模板的零件图。

二、学习目标

1. 体会从装配图上拆画零件图的过程。
2. 掌握装配图的识读方法。
3. 熟悉由装配图拆画零件图的方法步骤。
4. 进一步掌握零件图的内容与绘图方法。

三、实施过程

1. 阅读相关知识点,查阅有关资料,识读钻模的装配图。
2. 绘图比例均为 1∶1,请自选标准图幅 2 张,用来绘制零件"底座"和"钻模板"。
3. 确定零件的表达方案,要求简单、明了地将零件的结构表达清楚。
4. 确定零件的尺寸与技术要求。
5. 图面整洁,视图布置合理。线型、尺寸标注、技术要求的选择均符合国家标准。

四、实施方法

1. 了解钻模的工作过程及有关知识点,如机件的表达方法、尺寸标注、技术要求的标注、装配图的内容、识读装配图的方法、拆零的方法与步骤等。

2. 阅读钻模装配图,分析各零件的装配顺序、零件间的装配关系、连接方式。

3. 按照投影关系,根据剖面线的不同,将要拆画的零件分离出来,根据该零件在装配图中的投影及相邻零件之间的关系想象零件的结构形状。

4. 根据零件的特点,综合各因素,根据视图的表达原则,确定所拆画零件的表达方案。

5. 绘制绘图的基准线,合理布局各视图。

6. 零件的结构、形状表达不完整的部分,应该根据零件的作用和工艺要求加以补充完整,绘图时应该将装配图中所省略的零件工艺结构,查阅相关资料与手册后补全,如倒角、倒圆、退刀槽、越程槽、轴的中心孔等。

7. 确定零件尺寸,选择尺寸基准标注尺寸。零件尺寸确定方法:对装配图中已经标注的尺寸直接抄注在零件图上;对标准的工艺结构,查阅标注手册后再标注;某些尺寸应该根据装配图所给定的数据,通过计算确定,如齿轮的分度圆直径;装配图中没有标注的尺寸,按照装配图的比例在图上直接量取并加以圆整后标注。

8. 确定零件的技术要求,并在图样上标注相关技术要求。

9. 检查无误后描深图线。

10. 填写标题栏。标题栏中的图名、校名使用 10 号字,日期使用 3.5 号字,其余均使用

5 号字书写。

11. 整理图面及图线交、接、切处细节。

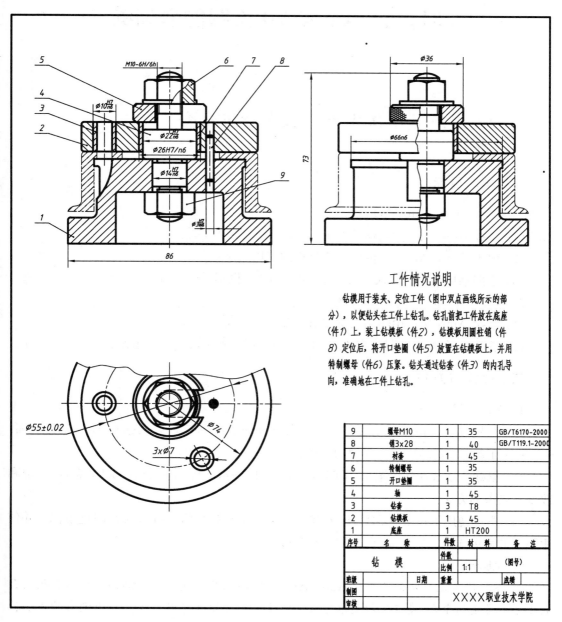

工作情况说明

　钻模用于装夹、定位工件（图中双点画线所示的部分），以便钻头在工件上钻孔。钻孔前把工件放在底座（件1）上，装上钻模板（件2），钻模板用圆柱销（件8）定位后，将开口垫圈（件5）放置在钻模板上，并用特制螺母（件6）压紧。钻头通过钻套（件3）的内孔导向，准确地在工件上钻孔。

9	螺母M10	1	35	GB/T6170-2000
8	销3×28	1	40	GB/T119.1-2000
7	衬套	1	45	
6	特制螺母	1	35	
5	开口垫圈	1	35	
4	轴	1	45	
3	钻套	3	T8	
2	钻模板	1	45	
1	底座	1	HT200	
序号	名　称	件数	材　料	备　注

钻　模	件数			
	比例	1:1		（图号）
班级		日期	重量	成绩
制图				
审核		XXXX职业技术学院		

图 1.10　钻模装配图

项目二　AutoCAD 绘图能力训练

任务一　基本绘图命令

一、学习目标

1. 熟悉并了解 AutoCAD 的界面组成

(1) 掌握 AutoCAD 的启动及退出。

(2) 熟悉 AutoCAD 的对话框和工具栏的使用方法。

(3) 掌握菜单和命令输入方式建立、保存和打开图形文件的方法。

2. 掌握命令的输入过程,命令选项的选择方法

(1) 掌握 AutoCAD 中绘制二维图形的 3 种坐标表示方法。

(2) 熟悉点、线、圆、圆弧、多段线、矩形、多边形等基本命令的调用方法。

二、过程与方法

1. AutoCAD 的界面

(1) 开机进入 Windows 或 XP 桌面状态,分别试用两种启动方式进入 AutoCAD 界面。

(2) 了解 AutoCAD 用户界面的组成。

(3) 鼠标逐项选择各个菜单,了解 AutoCAD 的基本结构;掌握打开、关闭、移动、固定和改变工具条的方法。

(4) 尝试使用下拉菜单、键盘输入和点击标准工具条按钮三种方式绘制直线、圆,并使用不同的命令输入方式建立、保存和打开图形。

特别提示:

① 下拉菜单几乎包含了所有 AutoCAD 绘图命令,比应用工具栏烦琐。但工具栏只是列出了最常用的命令,没有下拉菜单齐全。通过自定义操作可以将工具栏上没有的命令按钮显示出来。

② 快捷菜单称为上下文关联菜单,在绘图区域、工具栏、状态栏、模型与布局选项卡以及一些对话框上单击鼠标右键弹出,快捷菜单中显示的命令与 AutoCAD 的当前状态有关,灵活使用可以快捷、高效完成一些操作,请尝试快捷菜单操作!

2. 常用的绘图命令操作

为了快速绘图,请记住各常用命令的快捷方式。

（1）点击格式下拉菜单设置好点的样式。画一条长度为 100 mm 的线段，并将其等分成 6 段（定数等分）；画一条长度为 170 mm 的线段，并将其按照 20 mm 的距离进行等分（定距等分）。

绘图下拉菜单→点。

特别提示：

注意观察定距等分命令绘制点时，等分的起点与鼠标选取对象时点击的位置有关，如鼠标靠近右端点单击选取直线，其结果以直线的右端点为等分起点。

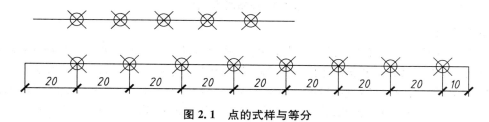

图 2.1　点的式样与等分

（2）按照图 2.2 要求绘制图形，并存盘保留。

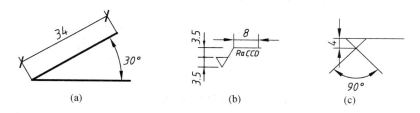

图 2.2　画线捕捉与极轴

特别提示：

学习初，将状态栏设置成用汉字显示命令的状态。将鼠标放在状态栏，右击鼠标点击使用图标。利用草图对话框，设置极轴追踪增量角度，并点击用所有极轴角设置追踪。

栅格显示和捕捉模式在精确绘图时一般不开启。对象捕捉是捕捉对象的特征点，只有在执行命令而且要求指定点的时候才进入捕捉状态。可以进行自动对象捕捉设置，也可以手动对象捕捉或临时对象捕捉。

如果要绘制的图不知道具体的追踪角度方向，但指定与其他对象某种关系（如相交），则使用对象捕捉追踪，如果是想指定要追踪的角度方向，则使用极轴追踪。对象捕捉追踪和极轴追踪可以同时使用。

在绘制直线时，可以连续画线，使用回车或空格键结束命令。输入 U 或放弃命令，可以取消刚绘制的线，如果图形没有保存，可以连续回退。输入 C↙可以使绘出的折线封闭并结束命令操作。如要画水平或铅垂线，可以开启正交模式，将光标放在合适的位置和方向，直接输入直线的长度。如要准确画线到某一特定点，可采用对象捕捉工具。

（3）绘制 ϕ20 mm 的圆,练习绘制圆的各种方法（2P、3P、TTR 等）。

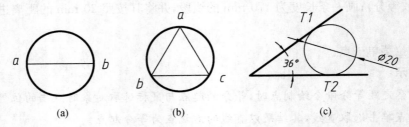

图 2.3　绘制圆的方式

特别提示:

应根据图形情况正确选择绘圆方式,如输入半径或直径值无效,注意看命令行的提醒。

用相切绘制圆的方式在圆弧连接中经常使用,相切对象可以是直线、圆、圆弧、椭圆等图线。

使用 TTR(相切、相切、半径)或 A(相切、相切、相切)命令时,系统总是在距离拾取点最近的部位绘制相切的圆。因此,拾取相切对象时,所拾取的位置不同,最后得到的结果也不同,即内切和外切的不同。

（4）练习绘制圆弧的各个方法及圆角命令。

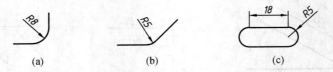

图 2.4　圆弧命令与圆角命令

特别提示:

绘制圆弧有 11 种方法,根据所绘制的图具体选择合适的方式,有些圆弧不适合用圆弧命令绘制,也可以画出相等半径的圆后修剪成圆弧。AutoCAD 默认按照逆时针方向绘制圆弧。有时可以采用修剪模式下圆角命令。但事先要输入"R",设置好圆角半径。

（5）分别用绝对坐标、相对坐标、矩形命令绘制矩形,并倒角 C3,倒圆 R3。

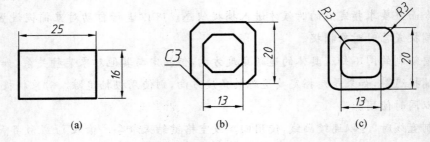

图 2.5　矩形命令、倒角与倒圆

特别提示:

输入坐标值时一定要用英文状态下的",",隔开,不能用汉语状态下的逗号。输入坐标值时不能加括号。在极坐标输入中,度数符号"°"不需要输入。

相对坐标值前加"@",当按照坐标正方向相反的方向绘图时,坐标值和角度前可以加入

"一"号。绘制水平线、铅垂线一般不使用坐标输入,而是在正交模式下指定第一点后,将鼠标放在第一点左右或上下位置,直接输入直线的长度值。

使用矩形命令时,可以进行倒角C、圆角F设置,一次画出带倒角或圆角的图形。

（6）使用正多边形命令,按照不同的方式绘制图2.6所示图形。

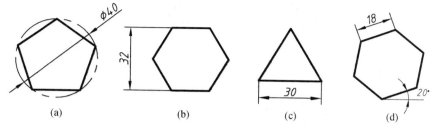

图2.6　正多边形命令

特别提示:

绘制正多边形时,如果已知正多边形的边长,可以根据边长E选项进行绘制。如果给出对边距或对角距,就需要进行内切于圆I和外接于圆C方式的选择。注意按照图形给出的已知尺寸条件进行绘图方式选择。

绘制正多边形,所谓的外接圆和内切圆是不出现的,只是显示代表圆半径的直线段。

（7）利用椭圆命令,按照不同的绘制方式,绘制图2.7所示椭圆组成的图形,图b,c尺寸自定。

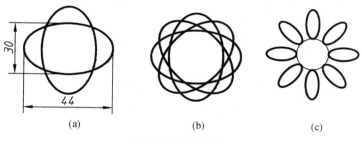

图2.7　椭圆命令

特别提示:

执行椭圆命令,可以通过指定椭圆中心、一个轴的端点以及另一个轴的半轴长度绘制椭圆。圆在正等轴测图中投影为椭圆,在绘制正等轴测图中的椭圆时,应先打开等轴测平面,然后绘制椭圆。

（8）利用多段线命令绘制图2.8所示图形,线宽首宽为2 mm,尾宽为0.5 mm。

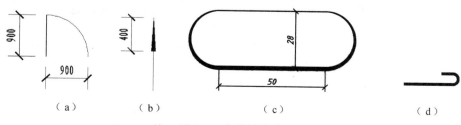

图2.8　多段线命令

特别提示：

多段线是作为单个对象创建的相互连接的序列线段，可以创建直线段、弧线段或两者的组合线段，其中的线条可以设置成不同的线宽以及不同的线型，具有很强的实用性。

在绘制时根据所给图形已知尺寸条件，应事先进行线的宽度 W 的设置，开始默认画直线的方式，可以进行圆弧 A 的选择进行画弧。

（9）利用构造线命令绘制图 2.9a，利用样条曲线命令绘制图 2.9b 所示图形。

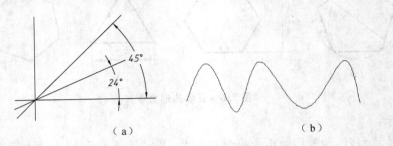

（a）　　　　　　　　　　（b）

图 2.9　构造线、样条曲线命令

特别提示：

构造线是在两个方向上无限延长的直线，它主要用作绘图时的辅助线，当绘制多视图时，为了保持投影关系，可以先画出若干条构造线，再以构造线画图。

构造线有水平 H、垂直 V、角度 A、二等分 B 和偏移 O 选项，根据绘图需要注意选择。

样条曲线用来绘制一条多段光滑曲线，通常用来绘制波浪线和等高线。要指定起始点切线方向和终点的切线方向。

（10）根据自己的兴趣自行选择图 2.10 所示的简单图形进行绘制，并存盘保存。

特别提示：

在熟悉基本命令过程的情况下，根据图形尺寸条件选择合适命令，没有给出尺寸的图形，自行确定其尺寸进行绘制，所绘制的图形要存盘保留，按照要求上交。

(a)　　　　　　　　　　(b)

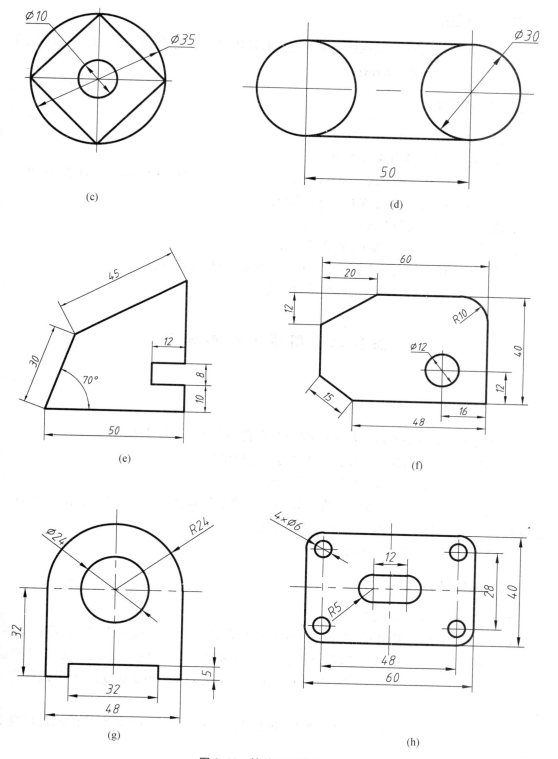

图 2.10　简单图形的绘制

三、作业提交

将绘制的图形发送到指定邮箱或课上通过多媒体教学系统进行提交。文件名格式:班级姓名学号(班号最后两位). dwg。

四、思考问题

1. 怎样启动、退出 AutoCAD?
2. AutoCAD 界面由几部分组成?
3. 命令的输入有几种方式? 命令执行过程中,[ ],< >括号内的内容有什么不同?
4. 怎样建立新文件、保存现有文件、打开已有文件?
5. 数值的输入有几种方法?
6. 空格、回车在 AutoCAD 中的含义是什么?
7. 实现精确绘图的途径有哪些? 捕捉与对象捕捉有什么不同?
8. 画圆有几种方式? 画多边形有几种方式?

任务二 图层与图形编辑

一、学习目标

1. 熟悉图层的有关术语,掌握图层特性管理器的操作和管理使用。
2. 掌握目标选择方法和对象捕捉各种方式的使用。
3. 熟悉 AutoCAD 的图形编辑命令的使用。
4. 通过对 AutoCAD 二维图形的绘制,进一步熟悉基本绘图命令,对所绘制的图形进行编辑操作,熟悉各个编辑命令调用及其使用方法。
5. 能够绘制简单的平面图形。

二、过程与方法

1. 图层特性管理器的使用

(1) 打开图层特性管理器,新建 5 个图层,分别命名为粗实线、细虚线、细点画线、文字、尺寸标注;颜色分别设置为红,蓝,黄,绿,紫;并分别对线型进行设置。注意:在设置线型前必须加载所需的线型。线宽粗实线设置为 0.5 mm,其余分别采用默认设置,打印图形前再设置为 0.25 mm。

(2) 在各个图层上绘制一些简单图形,观察其颜色和线型是否与所设置的颜色和线型一致。

特别提示：

0 图层是系统默认的图层，不能对其重新命名。点击图层对话框中的"透明度管理"，透明度的设置范围为 0～90，0 表示不透明，90 为完全透明，如果该图层透明度设置为 90，在该图层上绘制的图形完全透明，即不可见。

在特性工具栏中将显示当前图层的颜色、线型、线宽。ByLayer 是随层即该层上的对象特性和图层所设置的特性保持一致，建议采用随层，方便使用图层进行统一修改特性操作。如果特性工具栏改动即不用随层，在图层设定的特性对绘制的图形特性不起作用，这种情况可以在绘制辅助线的时候采用。

（3）分别选 3 个图层进行打开/关闭，冻结/解冻，锁定/解锁操作，然后进行一些图形编辑操作，观察图形的显示结果。图层的状态可以控制其上对象是否可以编辑、是否能显示或打印。

（4）用不同的方法，进行改变对象的图层操作。

2. 点击格式下拉菜单→线宽→勾选对话框显示线型，将默认设置为 0.25 mm，调节下面的按钮可以调整线宽在屏幕上的显示比例。

特别提示：

图线的粗细显示可以进行调整，当粗实线在屏幕上显示细实线时，请检查粗实线层线宽设置是否大于等于 0.5 mm，状态栏的线宽显示按钮是否打开。

3. 自行选择图 2.11 所示图形进行练习，不标注尺寸。练习各个编辑命令并掌握使用方法及基本功能，注意根据图形特点选择合适的编辑命令。

4. 输入编辑命令后，熟悉构造选择集的各种方法，熟悉编辑命令的应用过程。

5. 在绘图过程中要利用对象捕捉实现精确绘图，练习对象捕捉的几种操作方法。

6. 在熟悉基本命令过程的情况下，根据图形尺寸条件选择合适命令，所有图形按照所给尺寸 1∶1 进行绘制，所绘制的图形要存盘保留，按照要求上交。

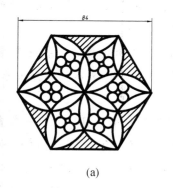
(a)

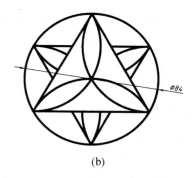
(b)

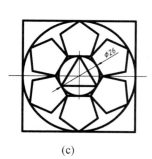
(c)

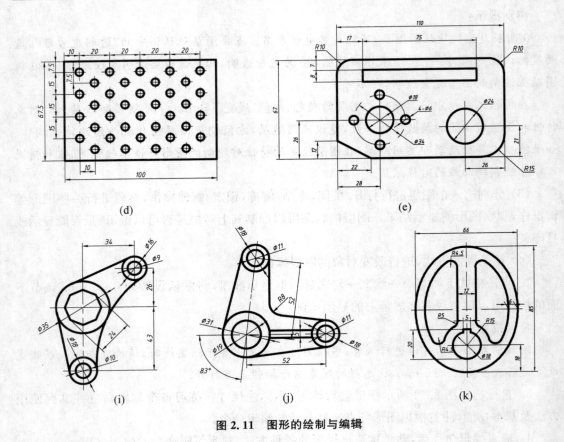

图 2.11　图形的绘制与编辑

特别提示：

①"修改"工具栏中的复制按钮与下拉菜单"编辑"/"复制"命令不同，"复制"命令是用默认基点复制，复制按钮与"带基点复制"类似，但"带基点复制"只是单纯复制，而工具栏中的"复制"命令默认为连续多重复制。

②镜像与复制的区别：镜像是将对象反像复制，镜像适用于对称图形。镜像线（对称轴）由两点确定，可以是一条已经有的直线，也可以用鼠标指定任意两点。

文本实体也可以镜像，但分为两种状态：完全镜像和可识读镜像，当系统变量MIRRTEXT＝0时，文本是可识读对象，当系统变量 MIRRTEXT＝1 时，文本作完全镜像，不可识读。

③快捷、精确地移动对象，需要配合使用对象捕捉、对象追踪等辅助工具。对于一条直线或一个圆等单独图元的移动，可以采用夹持点进行操作。夹持点的颜色可以进行设置，如单击选中一直线，其显示三个蓝色夹持点，当单击中间夹持点，夹持点变红成为热夹持点，此时移动鼠标即可将直线移动。其两端的夹持点可以用来拉伸或旋转直线。点击圆出现5个夹持点，圆心夹持点可以平移圆，4个象限点的夹持点用来改变圆的半径。夹持点和对象捕捉命令同时使用有时比修剪、延伸命令更快捷！

④ 编辑对象时,可以输入 A 选中整幅图形,一般为默认设置,输入命令后按下空格或回车键即可选中整幅图形所有对象。如在修剪对象时,这样的操作是将所有对象都选为修剪边界,在修剪过程中可能出现因为边界已被修剪掉,有的线就无法再修剪了,此时只需要用鼠标选中该线,用〈Delele〉键删除即可。

⑤ 阵列命令就是用来绘制布局规则的各种图形。有三种绘图方式:矩形、环形、路径阵列。可根据图形的具体情况进行方式的选择。关联矩形阵列可以进行夹持点操作,点击位置不同的夹持点修改不同的内容。如移动整个阵列对象、修改列间距、列数、列总间距、阵列角度、行间距、行数、行总间距等。行间距和列间距可以是正值也可以是负值,正值在源对象右侧、上侧阵列,负值在源对象左侧、下侧阵列。

按住〈Ctrl〉键并单击关联阵列中项目可删除、移动、旋转或缩放选定的项目,而不会影响其余的阵列。关联阵列中的项目是一整体对象,单击"修改"工具条中的分解命令可以将其分解。调整行数、列数、行列间距、阵列角度等也可以在选定阵列后点击"标准"工具栏中的特性按钮,在特性窗口中进行调整。

⑥ 偏移命令是一个单对象编辑命令,在使用过程中,只能以直接单击拾取方式选择对象。偏移结果不一定与源对象相同。如圆弧作偏移后,新旧弧同心且具有相同的包含角,新圆弧的弧长要发生改变;圆或椭圆作偏移后,圆心相同但新圆的半径或新椭圆的轴长发生改变,但对直线段、构造线、射线作偏移是平行复制。

⑦ 缩放 SCALE 命令与视口 ZOOM 缩放不同。缩放命令将改变图形本身的尺寸,视口缩放只是改变图形对象在屏幕上的显示大小,并不改变图形本身的尺寸。

⑧ 视口拉长只在对象的一端增长,"选择要修改的对象"时,鼠标单击对象的哪一端就在那一端增长。增量可正可负,增量为正值时拉长,为负值时缩短。

⑨ 打断命令应用时,对于完整的圆"打断于点"命令不能用。打断部分是第一点"逆时针"到第二点的部分,注意操作时点击点的先后顺序。

⑩ 合并命令可以将某一图形上的两个部分进行连接,可将两圆弧闭合为整圆或一弧,两个线段进行接合成一线。源对象和合并对象是按照逆时针合并,合并成一弧时注意点击对象的顺序。如果命令提示行提示"选择要合并的对象:"时,按下〈Enter〉键,输入"L"并按下〈Enter〉键,则圆弧将闭合为圆。

⑪ 应用倒角命令时,如两个倒角距离都为"0",对于两个相交的对象不会有倒角效果;对于不相交的两个对象系统会将两个对象延伸至相交。

三、作业提交

将绘制的图形发送到指定邮箱或课上通过多媒体教学系统进行提交。文件名格式:班级姓名学号(班号最后两位).dwg。

四、思考问题

1. 怎样改变拾取框的大小？编辑对象时选择对象的方式有几种？

2. 在 AutoCAD 中如何进行自动捕捉模式设置？

3. 移动实体对象时，基点的位置是否必须选择在该实体对象上？对移动实体对象有数量限制吗？

4. 简述进行实体对象删除与恢复的各种方法。

5. 实体对象的特性有哪些？如何改变实体对象的特性？

6. 阵列的方式有几种？阵列的总数指什么？

7. 变比命令能以不同的 X、Y 比例缩放实体吗？若将实体缩到原图的 1/4，输入的比例因子应输入多少？

任务三 多线、字体及绘图辅助工具的使用

一、学习目标

1. 熟悉多线定义及调用方法。

2. 掌握工程字体的定义与调用方法。

3. 在绘图的过程中，能熟练使用各种辅助工具精确绘图。

4. 掌握设置绘图单位、绘图界限及绘图环境的方法。

5. 能综合应用实体绘图命令、图形编辑命令及图形显示控制命令绘制平面图形。

二、过程与方法

1. 设置多线的样式，如螺纹、轴、键槽式样，绘制图 2.12 所示图形，不标注尺寸。

(1) 创建多线式样时，最外两直线的图元间距设置为 1 mm，便于输入多线比例。

(2) 创建轴 Z 多线式样时，两端使用直线封口。

(3) 创建螺纹 LW 多线式样时，最外两直线的图元间距为 1 mm，最内两个图元间距为 0.85 mm，即偏移中心距离 0.425 mm。

(4) 创建键槽多线式样时，可以创建双圆 SY 和单圆 DY 两个式样，最外两直线的图元间距为 1 mm，双圆多线式样两侧的封口均为圆弧，单圆式样封口为：一侧为直线，另一侧为圆弧。

(5) 在使用多线时，一般设置多线的对正方式为"无(Z)"，即中线对正。

(6) 根据图形具体情况随时调用多线式样，根据绘图尺寸随时调整多线比例。

(7) 编辑多线时注意选择第一条多线和第二条多线的顺序，顺序不同则结果不同。

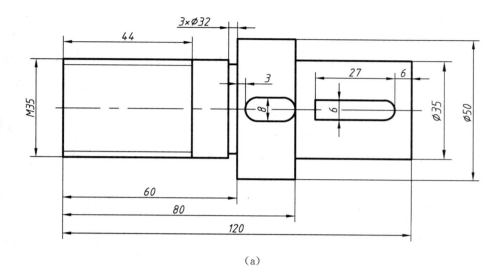

（a）

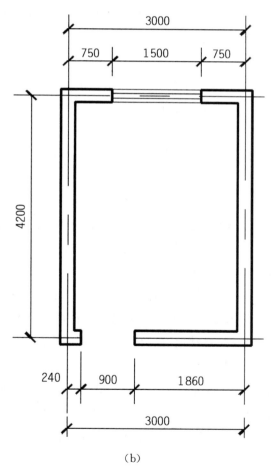

（b）

图 2.12　多线样式的定义与应用

2. 绘制标题栏,定义字体的式样,调用所定义的字体式样并根据字高要求标注文字内容。

(1)建立名为"工程汉字"式样,用来标注汉字,字体名选择仿宋—GB2312 或 T 仿宋,不指定高度,宽度因子输入 0.7,其余不进行修改,或按照(2)内容进行选择,字体名选择 gbenor. shx,其余不变。

(2) 建立名为"工程数字"式样,用来标注数字与字母,字体名选择 gbeitc. shx,勾选使用大字体,字体式样 gbebig. shx,不指定高度,宽度因子不变,仍为 1,其余不修改。

特别提示:

注意字形选项及勾选大字体,字体高度处注意保持原有数字 0,不要指定字高,书写时根据具体图形需要情况再指定相应的字高。

(3) 根据标注内容调用上述式样,如书写标题栏的汉字内容时,采用"工程汉字"式样;标注比例、日期时采用"工程数字"式样。

(4) 采用多行文本标注,就如编辑一篇 Word 文档,随时可以更改字体类型、大小与颜色,不管有多少行,AutoCAD 系统视为一个整体。故其在标注技术要求时常用,便于编辑。注意堆叠按钮的使用方法。

(5) 采用单行文本标注时每行为独立对象,在标注时只能指定一种字体的式样与字体高度,适合标题栏中同等高度的内容填写。

3. 基本绘图环境设置。

(1) 一般来说,如果用户不作任何设置,AutoCAD 系统对作图范围没有限制,绘图区域就是一幅无穷大的图纸。

(2) 使用 LIMITS 命令,制定图幅的边界为 A2 图纸的尺寸。打开辅助工具栅格按钮,并尝试打开、关闭图幅界限的操作,观察绘图对象超界时,命令行提示内容。

(3) 绘图单位和精度的设置。工程图样一般采用数值形式为"小数"和精度"0.00",插入时缩放单位一般选择毫米,其余采用默认设置。

(4) 点击工具下拉菜单→选项,观察各选项卡下的内容。显示选项卡下点击"颜色"可以设置绘图区域颜色。打开和保存选项卡下可以对文件加密和更正自动保存文件的时间。绘图选项卡用于设置自动捕捉、自动追踪、自动捕捉标记框颜色和大小、靶框大小。选择集选项卡用于设置选择集模式、拾取框大小以及夹持点大小等。

4. 进行极轴、极轴追踪、对象捕捉的设置,绘制图 2.13 所示图形,不标注尺寸。

(1) 图 2.13a 根据图形情况设置点的式样、极轴附加角的设置、进行定数等分。

(2) 图 2.13b 根据图形情况需要进行对象捕捉、极轴附加角、极轴追踪设置,并打开命令按钮进行精确绘图。

(3) R30 圆弧可以使用切点(起点)、切点(终点)、半径方式绘制或者使用 TTR 方式绘制圆之后修剪。

（4）所应用捕捉特征点为：切点、中点、中心点、垂足。

特别提示：

① 自动对象捕捉的开启不是特征点选取越多越好，选取的特征点越多，可能绘图时机器捕捉到的不是我们希望捕捉到的特征点，应根据绘图需要进行点取。

② 当自动对象捕捉不能满足要求时，可以采用手动捕捉方式，一是将捕捉工具条放到界面，采用点击方式，二是按住 Shift 键右击状态栏的对象捕捉，出现快捷菜单，点击要捕捉的特征点。这两种方式均为一次性的使用，当再次进行捕捉时需要进行重复操作。

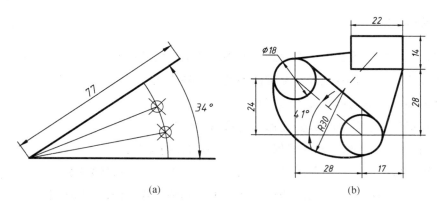

(a)　　　　　　　　　　(b)

图 2.13　角度等分、精确连线及追踪的设置

5. 绘制图 2.14 所示平面图形，不标注尺寸。

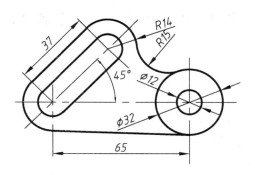

图 2.14　平面图形

（1）该图形由直线、圆、圆弧及点画线组成，含有圆弧连接，需要用几何作图的方法来完成。

（2）根据图形建立图层，设置所需的线型。

（3）可以先水平绘制左部的内层长圆形及中心线，再用偏移命令或采用捕捉切点的方法绘制外层长圆形，然后将所绘制图形绕 A 点旋转 45°。

特别提示：

绘图的方法不唯一，图 2.14 所示图形中的倾斜部分也可以采用设置 UCS 用户坐标来完成图形。或者先将倾斜部分绘制成水平，再点击下拉菜单修改——三维操作——对齐命令来完成。

(4)绘制 $\phi32$、$\phi12$ 及其中心线,再以圆角命令或 TTR 方式绘制 R15 圆并修剪。

(5)作公切线、修剪并擦除辅助线完成全图。

三、作业上交

将绘制的图形发送到指定邮箱或课上通过多媒体教学系统进行提交。文件格式:班级姓名学号(班号最后两位).dwg。

四、思考问题

1. 多线最多能设置多少条? 定义好的多线样式如何调用?

2. 多线的对正方式有几种? 经常使用其中哪种方式?

3. 试述多行文本与单行文本的区别。

4. 文字能使用复制、移动、变比命令等进行编辑吗?

5. 使用镜像操作时,怎样才能保持镜像文本的方向不变?

6. 极轴设置中的增量角与附加角如何设置与应用? 二者有区别吗?

7. 临时对象捕捉可以采用哪两种方式? 采用哪种方式时使用 Shift 键?

8. 如何使用追踪功能。

任务四 块的定义与插入

一、教学目标

1. 掌握块定义和调用的方法。

2. 了解块的分解、块与层的关系。

3. 会定义带有属性的块。

4. 掌握通用块的定义方法。

5. 熟练掌握并正确使用图案填充(画剖面线)命令。

6. 了解有关线型比例的设置方式。

二、过程与方法

1. 块的定义与调用

(1) 绘制图 2.15a 表面粗糙度符号图形,按照比例 1:1 绘制。切记不要在 0 层上绘制块的对象!

(2) 定义字体式样(如前面定义的工程数字式样)并将其置为当前,书写 Ra,字高指定为 2.5 mm。

（3）定义属性 CCD。

（4）用块定义 BLOCK 命令定义带有属性的块。

（5）将定义好的块用 WBLOCK 命令将块写成磁盘文件"AS-1"即通用块。

（6）绘制图形 2.15b，分别为 30×30 mm 的正方形，用插入块命令将已定义的块插入到当前文件中。

（7）另外打开或建立一个图形，使用插入块命令将磁盘文件"AS-1"插入到当前图形。

（8）设计一实例将组成块的对象绘制在不同颜色和线型的图层上，定义保存；然后建立一个新文件，所设置的图层名与定义块的对象图层名称相同，并将图层上的属性设置成与块不完全一致，将定义好的块插入新建立的文件中，观察块与图层、线型、颜色的关系。

特别提示：

① 组成块的对象可以是不同图层上颜色和线型各不相同的实体。块可以在插入后保持每个实体对象的图层、颜色和线型。

② 如果组成块的实体对象在系统默认的 0 图层，并且该对象的颜色和线型设置为随层，当把该块插入到当前图层时，AutoCAD 将该实体对象的特性更改为与当前图层一致的特性。

③ 当工程图样中插入了一系列的块，只要修改块的源对象，工程图样中插入的块也随之进行修改，这就是 AutoCAD 提供的图库修改的一致性。

④ 块的对象数无限制，可以是整幅图或者选取图中部分对象。工程技术人员一般利用块的定义将经常使用的图形定义成块即建立图形库，绘图时从图库中调出使用，避免图样绘制中重复性的工作。

⑤ 图形文件可以作为块来插入。插入对话框单击浏览，选择一个图形文件即可。但插入的图形文件是一个整体，如需编辑需执行分解命令。

⑥ 图形文件也可以作为"外部参照"插入，方法是"插入"/"DWG 参照"。

⑦ 块可以嵌套，无论块多么复杂，它被 AutoCAD 视为单个对象即整体，块可以插入时就自动分解，即在块插入对话框中勾选"分解"。

⑧ 当图中已经插入多个相同的块时，现只需修改其中的一个，切记不要重新定义块，此时应用"分解"命令将要修改的块进行分解，然后再编辑。

⑨ 块的属性值可以修改，方法是双击插入的属性，弹出对话框，可以对属性值、文字及特性进行修改。一个块可以创建多个不同的属性。使用"分解"命令将带属性的块分解后，块中的属性值还原为属性定义。

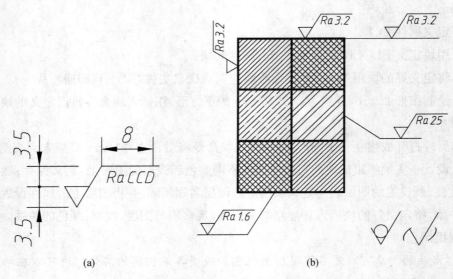

(a)   (b)

图 2.15   块的定义与插入

2. 图案填充

对所绘制的 2.15b 图形进行图案填充。

(1) 启动图案填充对话框。

(2) 进行图案填充的设置。选择 ANSI31 图案类型,比例为 1:1,转角为 0°;采用拾取点方式进行填充。然后选择与图中相同的图案类型,填充其余的图案。注意填充比例的选择。

特别提示：

① 如果填充操作完成后看不到所填充的图案,说明填充比例太大,如果填充的效果是完全黑色,说明填充比例太小。

② 涂黑的方法可以用图案填充中的 SOLID 图案,或用渐变色填充,或直接用一定线宽的直线绘制。

(3) 自行绘制一些封闭的图形,以渐变色填充方式进行填充。试比较单色、双色填充方式之间的填充效果。

3. 使用 LTSCALE 命令设置不同的线型比例,观察线型比例对图形的影响

(1) 格式→线宽→线宽显示比例,调节按钮,观察屏幕线宽的显示情况。

(2) 格式→线型→显示细节→输入全局比例因子,观察屏幕线型的显示情况。

(3) 格式→线型→显示细节→输入当前对象缩放比例值,观察屏幕线型的显示情况。

特别提示：

当前对象缩放比例值修改后点击确定,对当前已经绘制好的图形对象实体的线型没有影响,该设置值是对设置后再绘制的对象有影响,如全局比例因子与当前对象缩放比例均输入值后,从设置后再绘制的对象线型比例显示结果为:加载对象×全局比例因子×当前对象缩放比例。

三、作业提交

将绘制的图形发送到指定邮箱或课上通过多媒体教学系统进行提交。文件名格式:班级姓名学号(班号最后两位). dwg。

四、思考问题

1. 如何定义、调用块? 试定义基准符号块,尺寸要求如图 2.16 所示。

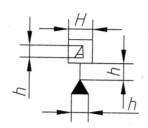

图 2.16　基准符号尺寸要求

2. 如何定义块的属性? 试定义带属性的基准符号块。
3. 熟悉块与层在颜色、线型方面的关系特性。
4. BLOCK 命令、WBLOCK 命令有何区别?
5. 线型比例的含义是什么?
6. 图案填充有几种常用的填充方式?
7. 有时图案按照 1∶1 填充时,图案填充不上即没有显示图案是什么原因?
8. 块在插入时可以进行放大与缩小或者进行旋转吗?

任务五　尺寸标注

一、教学目标

1. 掌握定义尺寸标注式样、修改尺寸标注式样的方法。
2. 会建立标注式样的子式样,如角度标注。
3. 根据工程图样尺寸要求,会调用尺寸标注的式样。
4. 能熟练标注图样上有关线型、角度、圆、对齐、连续、基线等尺寸。
5. 会熟练编辑尺寸标注。

二、过程与方法

1. 定义符合国家标准规定的标注尺寸式样,名称为"GB35"。
2. 建立式样"GB35"下的角度子式样。
3. 建立带前缀φ的线型尺寸标注式样。

4. 绘制图 2.17a 主视图,使用建立的式样标注图中的尺寸,并保存图以备后用。

5. 绘制图 2.17b,建立合适的尺寸标注式样,进行尺寸标注。

6. 进行尺寸标注的编辑,如进行式样变更、修改尺寸数字、尺寸位置的操作。

7. 用自己建立的尺寸式样,将以前已经绘制好的图形进行尺寸标注。

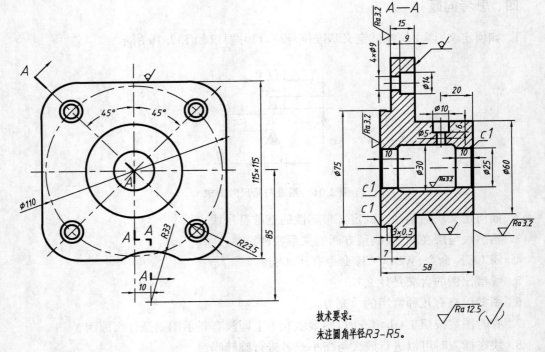

技术要求:
未注圆角半径R3-R5。

(a) 阀盖零件图

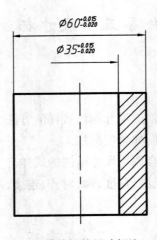

(b) 带前缀的尺寸标注

图 2.17 尺寸标注

8. 将已经绘制好的图形(含 A3 或 A2 标准图幅、标题栏、定义文本式样、尺寸标注的式样、表面粗糙度标注块)保存成样本图格式(.dwt)准备后用。

三、作业提交

将绘制的图形发送到指定邮箱或课上通过多媒体教学系统进行提交。文件名格式：班级姓名学号（班号最后两位）.dwg。

四、思考问题

1. 如何建立一个尺寸标注新式样？

2. 尺寸标注对话框中，测量比例因子、全局比例因子含义是什么？

3. 如何为尺寸标注加上前缀或者后缀？

4. 如果绘制图样时，采用的比例为 1：2，则测量比例因子输入多少？全局比例因子输入多少？

5. 图 2.17b 中 Φ35 尺寸能否建立以尺寸式样进行直接标注？

6. 如何进行尺寸标注的编辑？尺寸式样被修改后，图样中已经使用该式样标注的尺寸是否发生变化？

任务六　组合体三视图绘制

一、教学目标

1. 进一步熟悉并掌握 AutoCAD 的各种绘图命令。
2. 进一步熟悉并掌握 AutoCAD 的各种编辑命令。
3. 进一步熟悉并掌握图层特性管理器的使用。
4. 掌握组合体三视图的绘制方法。
5. 进一步掌握尺寸的式样定义，并能调用标注组合体的各类尺寸。

二、过程与方法

1. 新建图形文件，将文件存盘，名称为："班级姓名学号"形式。

2. 调用已经存盘的样本图，所需要的绘图环境如图层、尺寸标注式样、字体式样、表面粗糙度块等均已设置好。

3. 采用 A3 图幅，不留装订边形式，其图幅大小国家标准尺寸为 297×420 mm，内图框线为粗实线，外图框线为细实线，画出符合国家标准的标题栏，或将定义成块的标题栏直接插入。

4. 执行 Zoom all 命令。

5. 绘制图 2.18 所示组合体的三视图，注意画图时及时点击保存，或绘图前设置系统自动保存的时间。

6. 画图的步骤不唯一，参考作图步骤如下。

（1）形体分析：假想将形体分成 3 部分，长方形底板（上挖切 4 孔并开槽）、阶梯形凸台孔、半圆柱头长方支柱（中间开槽，前后有圆柱形凸台，内有圆柱形通孔）。

（2）画出绘图的基准线，确定 3 个视图的位置。

（3）绘制底板的投影。

① 绘制底板长方体的三面投影；

② 绘制底板上 4 圆柱孔的三面投影；

③ 绘制底板上开槽的三面投影。

（4）绘制半圆柱头长方支柱。先绘主视图外形，再绘制左视图中间开槽和前后凸台，最后绘制俯视图。

（5）绘制阶梯形凸台孔的三面投影。先水平，再正面，后侧面。

（6）编辑图形。使用移动命令调整视图的位置，使图形布置均匀，美观。

7. 调用尺寸标注式样，进行尺寸标注。

8. 填写标题栏内容，图名：底座，比例 1 : 1。

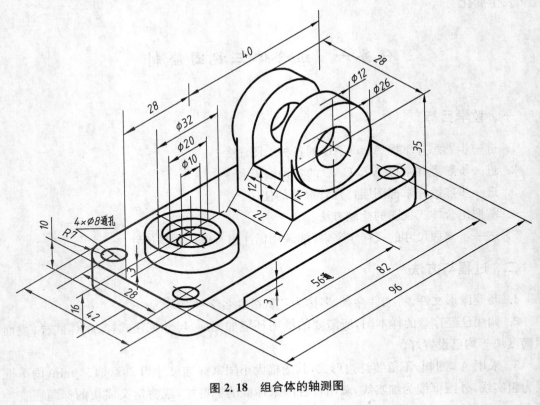

图 2.18　组合体的轴测图

三、作业提交

将绘制的图形发送到指定邮箱或课上通过多媒体教学系统进行提交。文件名格式：班级姓名学号（班号最后两位）.dwg。

四、思考问题

1. 回忆用 AutoCAD 绘制组合体三视图的过程。

2. 如果绘图比例为 1：2，如何标注尺寸？

3. 如果图形绘制比例为 1：1，但是打印比例为 1：2，所填写的文字大小、箭头形状会发生变化吗？

任务七　零件图绘制

一、教学目标

1. 能熟练设置绘图环境；

2. 能综合使用 AutoCAD 中的各种命令；

3. 掌握零件图（剖视、剖面图）的绘制方法；

4. 掌握尺寸标注式样建立、尺寸公差、技术要求的标注方法；

5. 能绘制符合生产实际的工程图样。

二、过程与方法

1. 设置绘图环境或打开任务五存盘的样本文件，样板图的环境可根据需要进行修改。

图纸空间设置：格式—图形界限

设置图形单位：格式—单位

根据需要创建所需图层或删除样板图中不使用的图层。但必须建立尺寸标注层，文字标注层，并设置不同的颜色。

2. 创建所需要的表面粗糙度符号块、位置公差基准块，并定义相应的属性。

3. 建立尺寸标注、带前缀、后缀的尺寸标注式样。

4. 相同的线型绘制在同一图层上。

5. 绘制图 2.19，注意画图时及时点击快速保存。绘图参考步骤：

（1）画出绘图的基准线，水平轴线；或者调用多线式样"Z"绘制后，再绘制基准线。

（2）从主视图入手，按照尺寸 1：1 逐步绘图。

（3）绘制移出断面图，局部放大图。

（4）编辑图形，移动布局图形。

（5）调用图案填充命令，画剖面线。

（6）调用变比命令，将图形变比为 1：2 的绘图比例。

（7）调用尺寸式样，标注尺寸。采用测量比例应该为 2 的尺寸标注式样，如果没有请修改现有式样。

（8）标注零件图上的技术要求。

① 符号性的技术要求：如表面粗糙度，形位公差。

② 文字性的技术要求。

6. 填写标题栏。

名称:传动轴;材料:45;绘图比例1∶2。

7. 保存文件退出。

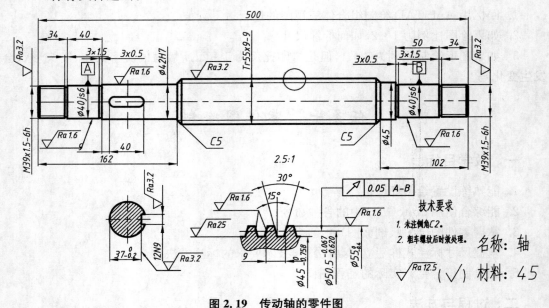

图 2.19　传动轴的零件图

三、作业提交

1. 根据现有条件,试打印所绘图形上交。

2. 将绘制的图形发送到指定邮箱或课上通过多媒体教学系统进行提交。文件名格式:
班级姓名学号(班号最后两位).dwg。

四、思考问题

1. 是否每次绘制图形时,必须进行绘图环境等的设置?

2. 表面粗糙度符号如何标注?

3. 标题栏与图框每次必须重新绘制吗? 能否定义成块,采用块插入命令插入?

4. 两个图形文件间的图形可以复制吗?

5. 回忆绘制传动轴零件图的过程。

任务八　装配图绘制

一、教学目标

1. 进一步熟练掌握 AutoCAD 的各种命令的使用方法。

2. 能根据图形具体情况选择合适的命令进行图形绘制。

3. 进一步掌握绘图环境的设置方法。

4. 熟悉用 AutoCAD 绘制装配图的工作过程。

二、过程与方法

1. 绘制装配图通常有拼装法和直接法两种。直接法是将所有零件的图形用绘图命令根据所确定的表达方法直接画到合适的位置而形成装配图。拼装法是将零件图形库中的零件做成图块，插入到适当的位置，并将看不见的图线删除，最后形成装配图。直接法与任务六、任务七的绘图方法相似，本任务只介绍拼装法。参考作图步骤：

（1）建立零件图块

用拼装法绘制装配图，首先应建立标准件、常用件、非常用件的零件图块。标准件的图块一般建立在图形库中，若图库中没有则应重新建立，并添加到图形库中。对非标准件，如以前已绘制过，可调用并进行编辑形成图块，如以前没有绘制过，则需重新绘制并建成图块。绘制时要保证作图的准确性，使图形能顺利装配。

（2）插入图块。插入时，要注意：

① 插入图块时总是将图块基点放到插入点的位置，故插入点应正确选择。应尽量使用目标捕捉方式来保证图形的准确性。

② 图块插入时，一般要进行图形编辑，故插入图块时，应注意比例变换。

③ 当图块的位置不正确时，可用 MOVE 命令将图块移到正确的位置。

④ 定义的 WBLOCK 块具有通用性，BLOCK 块只能在本图中插入使用。

（3）修改

图块插入后，一般要进行图形编辑，删除看不见的结构或装配图中不需要表达的结构，因此需要使用"分解"命令分解图块。编辑可用修剪、打断、擦除等命令来完成。

2. 绘制项目一中任务九，图 1.9 机用虎钳的装配图。共有 11 种零件，总 15 个零件组成，其中标准件有 4 种。所绘制的装配图如下图 2.20 所示。参考作图步骤如下：

（1）绘制各零件图，建立零件图块。

（2）调用 A2 图幅样板图，样板图的环境、尺寸式样、文字式样等可根据需要修改。

（3）插入零件 1 固定钳身的图形。

（4）插入零件 11 调整圈块，注意插入基点的选取，应使轴孔中心线成一线。

（5）插入零件 10 螺杆的图块，注意插入基点的选取，零件 10 与 11 的轴线成一线。零件 1、11 被零件 10 挡住部分，可用 TRIM 命令修剪。

（6）插入零件 5 活动钳身块。

（7）插入零件 6 移动螺母，注意插入基点的选取，必须和固定钳身中心线、活动钳身孔的中心线相吻合并进行图形编辑。

（7）插入零件 7 螺钉，并进行图形编辑。

（8）插入零件 8 钳口板，左右 2 个，画出标准件 9 螺钉的中心线，并在俯视图上做局部剖视图。

（9）依次插入零件 4 垫圈、零件 3 螺母，注意插入基点的选取，必须和螺杆的中心线相吻合。

（10）插入零件 2 销，并进行图形编辑。

（11）检查全图并修改，编写零件序号。

（12）绘制或插入标题栏、明细栏。

（13）标注尺寸、技术要求。

（14）填写标题栏、明细栏。

（15）保存图形并打印输出。

特别提示：

① 在绘图时，及时保存，或设置自动保存的时间。

② 在绘图前要确定好装配图的表达方法。

③ 绘图过程中 3 个视图要配合起来绘制，必须保证视图间的投影关系。

④ 标准件按照国家标准的规定绘制与标记。

⑤ 同一零件的剖面线要一致，结合面、配合面画一条线，非配合面画两条线。

⑥ 编辑图形时，可以将已经画好的图形所在的图层进行加锁。

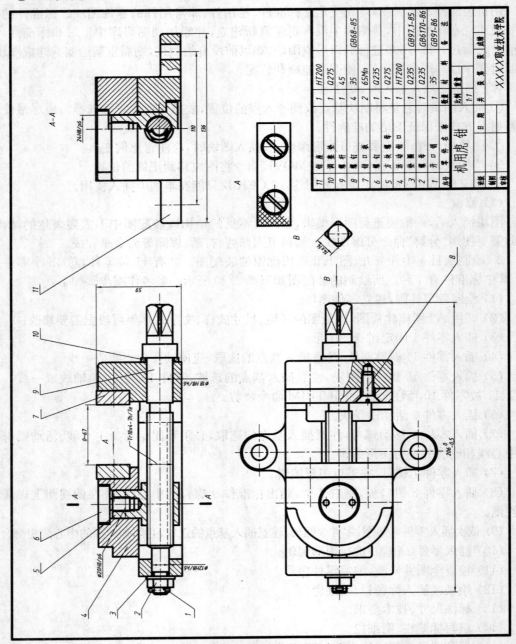

图 2.20　机用虎钳的装配图参考

三、作业上交

根据实训室的条件,打印输出所绘制的图形并将绘制的图形发送到指定邮箱或课上通过多媒体教学系统进行提交。文件名格式:班级姓名学号(班号最后两位).dwg。

四、思考问题

1. 试写出用 AutoCAD 绘制装配图的大致过程。
2. 图层管理器中的图层隔离的含义是什么?
3. 图层隔离如何使用? 能否在绘制装配图的时候使用?

任务九　三维实体造型

一、教学目标

1. 掌握 6 种基本实体命令的调用方法。
2. 熟悉多视口命令 VPORTS、多视口的创建与操作过程。
3. 掌握布尔运算方法。
4. 熟悉实体模型的圆角和倒角。
5. 掌握实体模型的消隐 HIDE 和着色 SHADE 命令。
6. 了解世界坐标系和用户坐标系,熟悉用户坐标的操作。

二、过程与方法

1. 使用多视口作图,根据图 2.21 所示托架的两视图,利用多视口进行托架视图与 3D 图形绘制。并使用倒角、圆角命令,尝试在长方体上倒角、圆角。

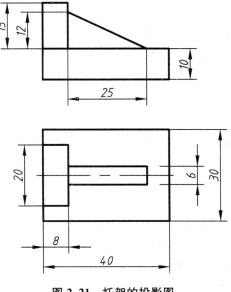

图 2.21　托架的投影图

参考作图步骤：

（1）进行参数设置的操作，将 UCSORTHO 变量和 UCSVP 均设置为 0。

（2）创建多视口，按照图 2.22 对话框进行设置。

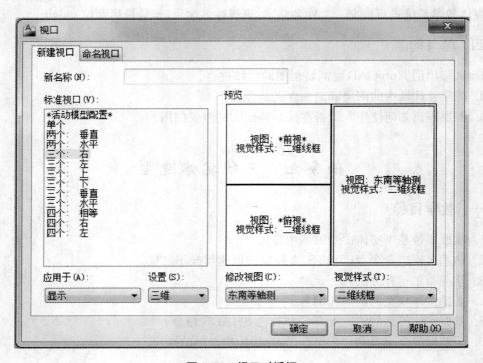

图 2.22　视口对话框

（3）使用图幅界限命令（limits）设定图纸范围为 60×45 mm，并在每个视口中作一次全图缩放（zoom all）操作。

（4）激活正轴测图（屏幕右边视口）：

命令：长方体↙

指定长方体的角点或【中心点（CE）】〈0,0,0〉：↙

指定角点或【立方体（C）/长度（L）】：40,30↙

指定高度：10↙

（5）激活俯视图（下方视口）：

命令：长方体↙

指定长方体的角点或【中心点（CE）】〈0,0,0〉：0,5↙

指定角点或【立方体（C）/长度（L）】：8,25↙

指定高度：15↙

命令：楔体↙

指定楔体的第一角点或【中心点（CE）】〈0,0,0〉：8,12↙

指定角点或【立方体（C）/长度（L）】：33,18↙

指定高度：12↙（如图 2.23a 所示）

（6）激活主视图（上方视口）：

命令:移动↙

选择对象:用光标选择后画的 2 形体↙

选择对象:↙

指定基点或【位移(D)】:0,0,10↙

指定第二个点或〈使用第一个点作为位移〉:↙(如图 2.23b 所示)

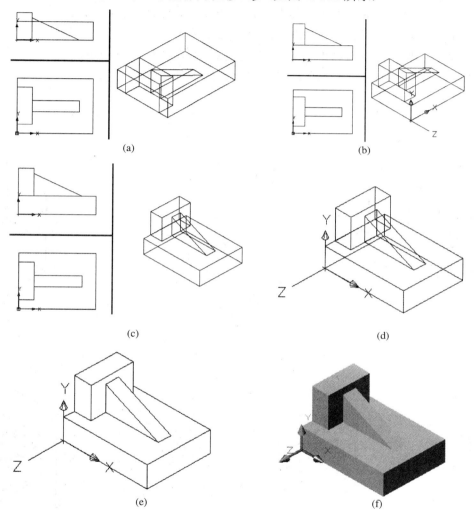

(a)　　　　　　　　　　　(b)

(c)　　　　　　　　　　　(d)

(e)　　　　　　　　　　　(f)

图 2.23　托架作图过程

（7）由图可见,所选择的正轴测图的投影方向不合适,可以使用视点(vpoint)命令,把视点改为(1,-1,1),如图 2.23c 所示。

（8）因为图已经全部完成,还可以执行视口命令,从下拉列表中选择单个视口,把多视口转换成单视口,以便将托架的正轴测图看得更清楚,如图 2-23d 所示。

（9）将托架消隐后视图如图 2.23e 所示。

（10）将托架着色后如图 2.23f 所示。

2. 使用用户坐标绘制图 2.24a 挡块的三维实体模型,参考作图步骤:

(1) 设置回转体素线的密度 ISOLINES 为 12。

(2) 将图标设置到原点,即 UCSICON 为 OR 选项。

(3) 画出长方体 $10 \times 4 \times 8$,如图 2.24b 所示。

(4) 使用 UCS 命令,绕 X 轴转 90°,如图 2.24c 所示。

(5) 画出大圆柱体 $\phi 6$,高为 5,底圆中心点为 (5,4),如图 2.24d 所示。

(6) 使用 UCS 命令,再绕 Y 轴转 90°,如图 2.24e 所示。

(7) 画出小圆柱体 $\phi 2$,高为 10,圆心坐标为 (2,6),如图 2.24f 所示。

(8) 执行布尔运算并、差运算,消隐后如图 2.24 h 所示。

(9) 可以进行视图着色。

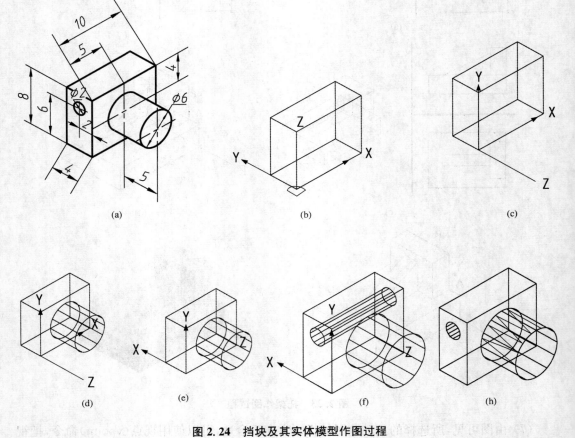

(a)   (b)   (c)

(d)   (e)   (f)   (h)

图 2.24　挡块及其实体模型作图过程

3. 根据图 2.25 支架的三视图,绘制其三维实体模型。

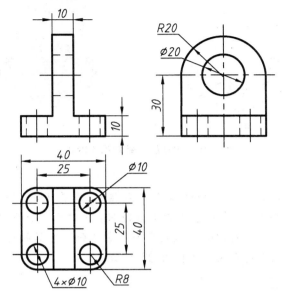

图 2.25　支架的三视图

参考作图步骤:

(1)设置回转体素线的密度 ISOLINES 至少为 12。

(2) 在 WCS 坐标系下,画出表示底板的长方体,并使用圆角命令把 4 个棱角修成 R7.5。

(3) 画底板上的 φ10 圆柱孔,可以画出 1 个,然后复制 3 个,如图 2.26a 所示。

(4) 画竖板的 10×40×20 长方体部分,高可以画 30,如画高 20,若角点坐标取在底面可以进行平移。

(5) 使用 UCS 命令重新设置原点于竖板长方体的上方,平移并旋转。

(6) 绘制 φ40、φ20 圆柱,如图 2.26b,c 所示。

(7) 执行布尔并、差运算,消隐后如图 2.26d 所示。可以进行视图着色如图 2.26e 所示。

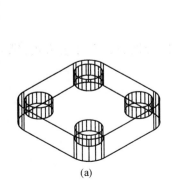

(a)

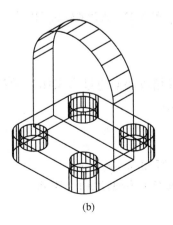

(b)

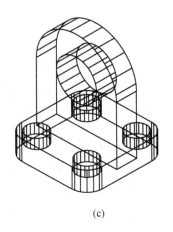

(c)

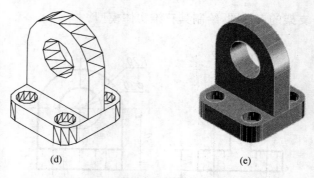

(d)　　　　　　　　(e)

图 2.26　支架的三维实体作图过程

特别提示：

若使用多视口作图，为了使多个视口坐标系相同，需将 UCSORTHO 变量和 UCSVP 变量设为 0。执行多视口命令，在标准视口中选择 Right 建立 3 个视口。绘图前需点击绘图视口激活视口，在每个视口中可以使用编辑命令。若正轴测图的投影方向选得不太合适，可用 VPOINT 命令将视点进行更改。如图 2.27 所示。

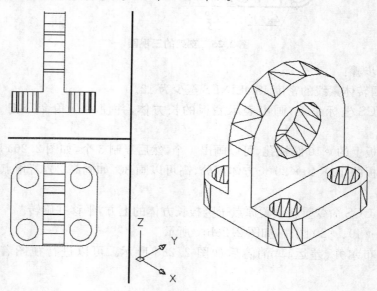

图 2.27　支架的多视口作图

三、作业提交

将绘制的图形发送到指定邮箱或课上通过多媒体教学系统进行提交。文件名格式：班级姓名学号（班号最后两位）.dwg。

四、思考问题

1. 写出挡块实体模型绘制过程的命令序列。
2. 写出采用多视口绘制支架实体模型的命令序列。

项目三　综合训练

任务一　零件测绘

在生产中使用的零件图,一是根据设计而绘制的图样;二是按照实际零件进行测绘而产生的图样。

对零件以目测的方法,徒手绘制草图,然后进行测量,标记尺寸,提出技术要求,最后根据草图画成零件图,这个过程称为零件测绘。零件测绘广泛应用于机器的仿制、维修或技术改造,它是工程技术人员必须具备的基本素质之一。

一、教学目标

掌握看图的基本方法、作图的基本原理和方法,掌握国家标准中关于《机械制图》、《技术制图》的有关规定,并能正确应用其解决实际的工程问题。通过不同形式的自主学习、探究活动,熟悉零件的测绘方法与过程。

1. 知识能力目标

(1) 掌握通用量的使用方法,能正确地测量零件的尺寸。

(2) 掌握徒手画图的方法、绘图技能和技巧,熟悉零件草图绘制方法。

(3) 能根据测绘草图,使用 AutoCAD 软件绘制符合国家标准规定的零件图。

(4) 培养和发展学生的空间想象能力,进一步提升学生对工程零件的图示表达能力。

2. 职业行为目标

(1) 培养学生实践的观点、创新意识、科学的思考方法。

(2) 培养学生严肃认真的工作态度、耐心细致的工作作风。

(3) 建立标准化的概念、培养良好的工程意识、团队协作精神。

(4) 加强学生绘图、读图能力。

(5) 提高学生自主学习能力。

二、零件测绘的特点

测绘实际零件比测绘制图模型要复杂一些,分析问题的方法有所不同。其特点有:

1. 测绘对象是在机器中起特定作用并和其他零件有着特定组成关系的实际零件。测绘时不仅要进行形体分析,还要分析它在机器中的作用、运动状态及装配关系,以确保测绘的准确性。

2. 测绘对象是实际零件,随着使用时间的增长而发生磨损,甚至损坏,测绘中既要按照实际形状大小进行测绘,又要充分领会原设计思想,对现有零件尺寸做必要的修正,保证测绘出零件原有的图形特征。

3. 测绘的工作地点、条件及测绘时间受到一定的制约,测绘中要绘制零件草图,这就要求测绘人员必须熟练掌握草图的绘制方法。

4. 测量零件尺寸时,应考虑它在机器中与其他零件的装配关系。有时需要和其他零件同时测量,才能使测量的尺寸更为准确。

三、零件尺寸的测量方法

测量尺寸是零件测绘过程中的重要步骤,应该集中进行,这样既可提高工作效率,又可避免错误和遗漏。

1. 测量尺寸时常用的量具

（1）钢尺

可直接测量直线尺寸或与其他量具配合使用,其测量误差一般在 0.25～0.5 mm。

（2）外卡钳和内卡钳

外卡钳多用于测量回转体的外径;内卡钳用于测量回转体内径,测量时与钢尺配合使用。

（3）游标卡尺

常用来测量圆孔或圆柱直径,有时用来测量深度。

（4）千分尺

精度可达 0.002 mm,是精确量具。

（5）其他量具

螺纹规,用于测量螺距;角度规,用于测量角度。

2. 零件尺寸的测量方法

零件尺寸常用的测量方法如下:

（1）直接测量法

对于可直接量得的零件尺寸均使用直接测量法。线性尺寸可用钢尺、直角尺测量,如图 3.1 所示;直径、深度尺寸可用游标卡尺测量,如图 3.2 所示。

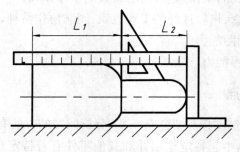

图 3.1　线性尺寸的测量

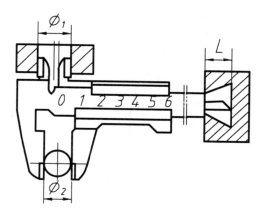

图 3.2　直径、深度尺寸的测量

（2）组合测量法

当一种量具不能满足要求时，可以使用几种量具组合测量。壁厚尺寸可用两钢尺、卡钳和钢尺配合测量，如图 3.3 所示；孔的中心距可用钢尺、内卡钳测量，如图 3.4 所示；孔的中心高可用钢尺和外卡钳测量，如图 3.5 所示。

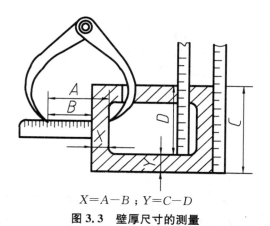

$$X = A - B \ ; \ Y = C - D$$

图 3.3　壁厚尺寸的测量

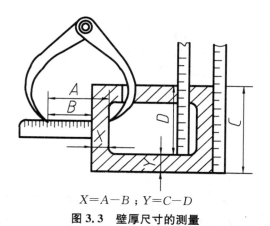

$$L = A + \Phi_1/2 + \Phi_2/2$$

图 3.4　孔的中心距测量

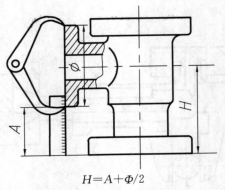

$$H=A+\Phi/2$$

图 3.5　孔的中心高测量

（3）其他测量法

螺纹的测量如图 3.6 所示,用螺纹规测量螺距,用卡尺测量螺纹大径,再查表校核螺纹直径。对于不能使用量具直接测量的圆弧线、曲线等,可以采用拓印法或铅丝法、坐标法,然后利用作图和计算求出尺寸值,如图 3.7 所示。

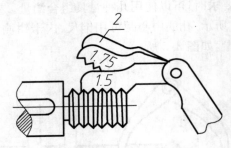

图 3.6　螺纹的测量

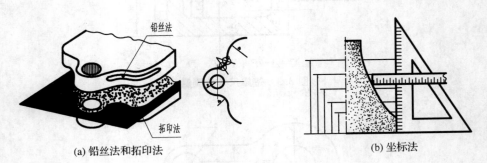

(a) 铅丝法和拓印法　　　　　　　　(b) 坐标法

图 3.7　其他测量法

四、测绘实例

情境一　阀盖的测绘

1. 测绘内容

阀盖零件实物,绘制其测绘草图并上机绘制其零件图。

2. 测绘要求

(1) 认真阅读关于零件测绘有关内容,了解测绘的方法与草图的绘制方法。

(2) 徒手绘制阀盖草图并标注零件的所有尺寸与技术要求。

(3) 上机绘制阀盖的零件图。

3. 过程与方法

(1) 了解和分析测绘对象

了解零件的名称、用途、材料、在机器或部件中的位置和作用,分析零件的结构、加工方法。

阀盖是常见球阀上的一个零件,通过螺柱连接与阀体连接在一起,起密封作用,主体结构由多个同轴内孔和带圆角的复合圆柱体组成,左边具有螺纹结构,与其他件进行连接,右边的圆柱凸台压紧密封圈起密封作用,中间的空心圆柱体使液压油流动。

主要的加工面为右边的凸台各面及其中间部分阶梯孔,加工方法主要是半精车与精车加工。

(2) 确定表达方案

根据零件的结构特点,按照视图选择原则,确定最佳表达方案。

根据阀盖在球阀上的工作情况及主要加工面的加工方法,采用加工位置原则及工作位置原则水平放置绘制其视图,采用主、左视图来表达其结构,主视图采用全剖视图表达阀盖的内部结构和各端面的轴向位置。左视图主要表达零件外形轮廓及主体上的凸缘、沉孔分布情况。

(3) 绘制零件草图

零件草图是目测比例且徒手绘制的图样。应该做到:草图不草、线条规范清晰、图样表达关系正确、尺寸比例关系恰当、内容整齐完整。下面以图 3.8 所示阀盖为例说明草图的绘制步骤。

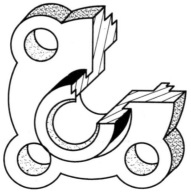

图 3.8　阀盖参考模型

① 布置视图

画出主、左视图的对称中心线、作图基准线,并留出标注尺寸的位置,如图 3.9a 所示。

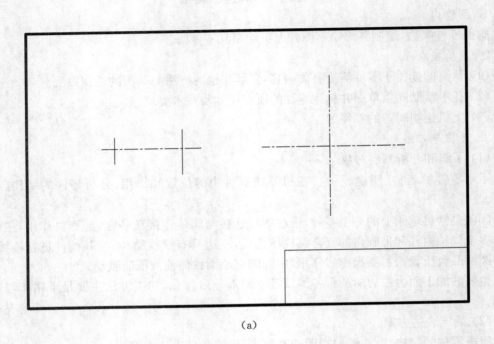

(a)

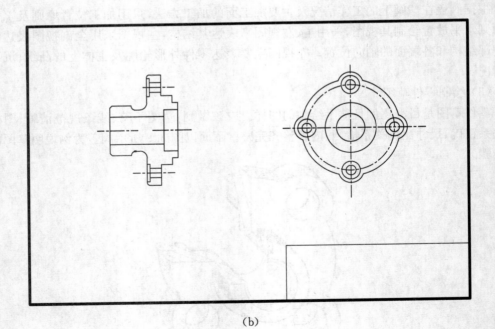

(b)

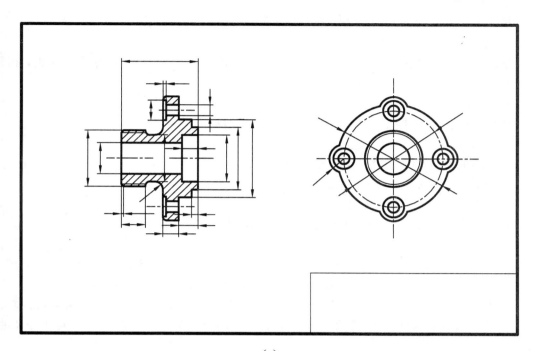

（c）

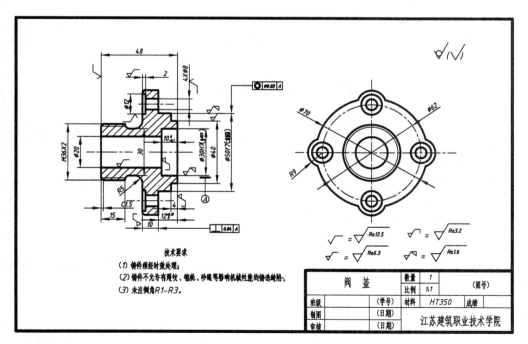

（d）

图 3.9　绘制阀盖草图的步骤

② 视图绘制

根据表达方案,目测比例绘制零件的结构形状,如图 3.9b 所示。

③ 标注尺寸

选定尺寸基准,按照零件图的尺寸标注要求,画出全部尺寸界线、尺寸线和箭头,如图 3.9c 所示。

④ 描深图线

仔细检查后,按照国家标准规定的线型将图线描深。

⑤ 测量尺寸

逐个测量尺寸,标注在图上,如图 3.9d 所示。

⑥ 标注技术要求,填写标题栏。

⑦ 校核,绘制零件的工作图。

对零件草图进行仔细校核,上机绘制零件工作图。

特别提醒:

① 零件表面上的各种缺陷如铸造的砂眼、缩孔、加工刀痕等不要绘出。

② 零件上的工艺结构如倒角、圆角、退刀槽、中心孔、凸台、凹坑等应该绘出。

③ 损坏的零件应该按照原形绘出,对于零件不合理或不必要的结构,可做必要的修改。

④ 已经磨损的零件尺寸,要做适当分析,最好能测量与其配合的零件尺寸,得出合适的尺寸。

⑤ 零件上的配合尺寸,一般只需测出基本尺寸,根据使用要求选择合理的配合性质,查表后确定其相应的偏差值。对于非配合尺寸或不重要尺寸,应将测得的尺寸进行圆整。

⑥ 对螺纹、齿轮、键槽、沉孔等标准化的结构,将测得的主要尺寸与国家标准对照后采用标准结构尺寸。

情境二　直齿圆柱齿轮的测绘

1. 测绘内容

测绘给定的齿轮,绘制其测绘草图与零件工作图。

2. 测绘要求

(1) 认真阅读关于零件测绘有关内容,了解测绘的方法与草图的绘制方法。

(2) 徒手绘制齿轮草图并标注零件的所有尺寸与技术要求。

(3) 上机绘制齿轮的零件图。

3. 过程与方法

根据现有齿轮,通过测量其主要参数及各部分尺寸,绘制齿轮草图并绘制出工作图的过程称为齿轮测绘。

(1) 数齿轮的齿数 z

(2) 测量齿轮的齿顶圆 d_a

偶数齿可以直接测量齿顶圆 d_a,如图 3.10a 所示,奇数齿则应先测出孔径 d 及孔壁到齿顶间的径向距离 H,$d_a = 2H + d$,如图 3.10c 所示。

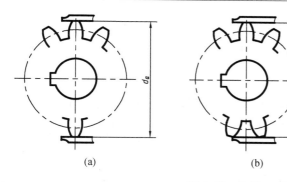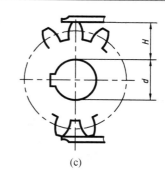

(a)   (b)   (c)

图 3.10 齿轮 d_a 的测量

（3）计算齿轮的模数 m

根据 $m = d_a/(z+2)$ 计算出 m，然后将计算结果与标准值对比，取接近的标准模数。

（4）计算齿轮的分度圆 d

$d = mz$，与相啮合的齿轮两轴中心距校对，应符合 $a = d_1 + d_2 = m(z_1 + z_2)/2$。

（5）测量与计算齿轮的其他各部分尺寸

（6）绘制齿轮的测绘草图

（7）根据草图绘制齿轮的工作图

如图 3.11 所示为圆柱直齿轮零件图例。

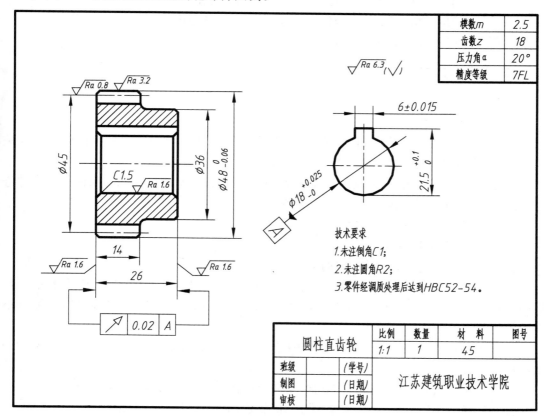

图 3.11 圆柱直齿轮的零件图

任务二　部件测绘

对机器或部件以及它们的所属零件进行测量,绘制草图,经过整理后绘制出完整一套图纸的过程称为部件测绘。测绘工作是机械技术人员必须掌握的基本技能。

一、教学目标

部件测绘是《机械制图与计算机绘图》课程教学的一个重要组成部分,它对后续课程的学习、毕业设计等有着重要的意义。

（一）知识与能力目标

1. 掌握正确地使用测量工具和徒手画图的方法,进一步提高绘图技能和技巧。

2. 能根据国家标准的规定,绘制正确的零件图和装配图。

3. 培养和发展学生的空间想象能力,并且具有三维形体构思和思维能力。

4. 提高运用计算机绘图软件绘制零件图和装配图的能力。

（二）职业行为目标

1. 培养学习者实践的观点、创新意识、科学的思考方法。

2. 建立标准化的概念、培养良好的工程意识、团队协作精神。

3. 培养学习者耐心细致的工作作风、严肃认真的工作态度。

4. 提升学习者自主学习的能力。

二、过程与方法

部件测绘一般步骤:

1. 了解测绘对象

认真观察、分析测绘对象,了解其用途、性能、工作原理、结构特点、各零件间的装配关系、主要零件的作用及其加工方法等。

方法:一是参阅有关资料、说明书或同类产品的图纸;二是通过拆卸对部件及其零件进行全面的了解、分析,并为绘制零件图作准备。

2. 拆卸部件和绘制装配示意图

（1）拆卸部件时应注意

① 认真分析确定拆卸顺序,按照拆卸顺序逐个拆下零件。

② 确定零件间的配合关系,弄懂其配合性质。对于过盈配合的零件,原则上不进行拆卸;对于过渡配合的零件,如果不影响对零件结构形状的了解和尺寸的测量,也可以不拆卸。

③ 拆卸后的零件要妥善保管,以避免丢失。为了防止混乱,按照拆卸顺序进行编号并做好相应的记录。

④ 重要的零件或零件上重要的表面,要防止碰伤、变形、生锈,以免影响其精度。

⑤ 对零件较多的部件,为了便于拆卸后的组装,应该绘制装配示意图。

（2）绘制装配示意图时应注意

装配示意图是通过目测,徒手用简单的线条示意性地画出的机器或部件的图样。它用于表示机器或部件的结构、装配关系、工作原理和传动路线等,可以作为重新组装机器或部件以及绘制装配图的参考。

① 装配示意图应该采用国家标准"机构运动简图符号"(见附录1)绘制。

② 对于一般零件,可以按照其外形和结构特点用简单线条绘出大致轮廓。

③ 绘图时可以从主要零件入手,按照装配顺序逐个绘出。

④ 所有零件应该尽量集中在一个视图上表达,如果不能表达时可以绘制第二个示意图。

⑤ 示意图上应该对各零件进行编号或写出零件的名称,并与拆卸零件时的编号一致。如图 3.12 所示为球阀的装配示意图。

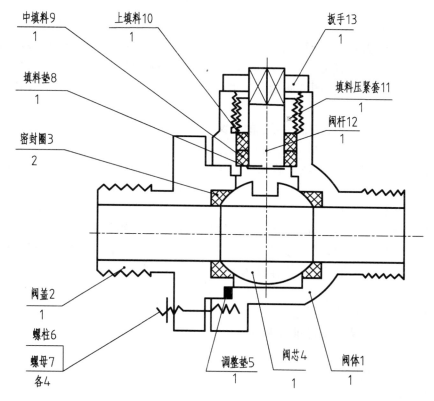

图 3.12　球阀的装配示意图

3. 绘制零件草图

零件草图是绘制装配图和零件图的依据,在拆卸工作结束后,必须对零件进行测绘,绘制出零件草图,其绘制方法见本项目任务一阀盖的测绘。

特别提醒:

① 标准件可以不绘制草图,但是必须测绘出其结构上的主要参数,如螺纹的公称直径、螺距;键的长、宽、高尺寸,写出其规定标记。

② 零件的配合尺寸,应该在两个零件草图上同时进行标注,以避免尺寸测量不一致。

③ 相互关联的零件，应该考虑其联系尺寸。测绘全部完毕后，必须对相互关联的零件进行仔细审查校核。

4. 绘制零件图

根据零件草图绘制零件工作图。

5. 绘制装配图

根据装配示意图和零件工作图，绘制装配图。请参阅《机械制图》教材项目七绘制装配图的方法与步骤进行。

绘制装配图时，一定要按照尺寸准确绘制，如果发现零件草图中有错误要及时更正。

三、装配体测绘实例

情境一　安全阀测绘

（一）测绘目的

部件测绘是机械制图与计算机绘图课程的一个非常重要的实践教学环节，通过部件实物测绘使学生全面、系统地复习、检查、巩固、深化、拓展所学的基础理论、基本知识与基本技能，进一步提高学生绘图、读图的质量和速度，为后续课程的学习打下坚实的基础，测绘后应达到以下目的：

1. 了解徒手绘制草图、零部件测绘的意义。

2. 掌握装配体测绘的一般方法和步骤。

3. 综合运用、巩固机械制图课程所学内容，进一步提高绘制零件图、装配图能力，提升读图能力。

4. 掌握常用测绘工具的使用方法。

5. 掌握制图国家标准内容，具有查阅国家标准和手册的初步能力。

6. 培养自主学习意识、工程意识、分析问题与解决问题的能力；强化严格、细致工作作风及科学严谨的工作态度和团体协作能力。

（二）测绘内容

1. 绘制安全阀部件装配示意图。

2. 非标准件零件草图及标准件明细表（A3）。

3. 绘制非标准零件的工作图（A3），如阀体、阀盖、螺杆等。

4. 绘制部件装配图（A2）。

5. 书写测绘体会。

（三）测绘对象及工作原理

1. 测绘对象

测绘对象为安全阀，共有 12 种零件，总计 18 件。

2. 安全阀装配示意图

根据国家标准"机构运动简图符号"（见附录Ⅰ），所绘制安全阀的装配示意图如图 3.13 所示。

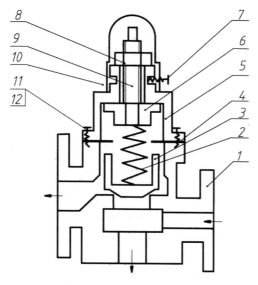

图 3.13 安全阀装配示意图

3. 安全阀工作原理

安全阀是安装在供油管路上的装置,在正常状态下阀门 3 靠弹簧的压力处在关闭的位置,此时油从阀体 1 右孔注入,经阀体下部的孔进入导管,当导管中油压由于某种原因增高而超过弹簧压力时,油就顶开阀门并顺着阀体左端孔经另一导管流回油箱,这样就能确保管路的安全。

弹簧 2 的压力大小靠螺杆 9 来调节,为防止螺杆 9 松动,在螺杆 9 上部加一螺母 8,用以背紧螺杆 9。阀罩 10 是用来保护螺杆 9 的。阀门 3 两侧有一小圆孔,这些小圆孔是使进入阀门内腔的油流出来,阀门内腔的小螺孔是工艺孔。阀体 1 与阀盖 5 是用 4 个螺钉 11(螺柱)连接,中间夹一垫片 4 以防止漏油。

4. 零件参考明细列表

安全阀部件参考明细列表如表 3.1 所示。

表 3.1 安全阀部件参考明细列表

序 号	名 称	数 量	材 料	备 注
1	阀体	1	HT20 - 40	
2	弹簧	1	60Mn	
3	阀门	1	H62	
4	垫片	1	纸	
5	阀盖	1	HT15 - 33	
6	托盘	1	H62	

续表

序号	名　称	数　量	材　料	备　注
7	固定螺钉	1	（规格自查）	GB 号查阅标准
8	螺母	1	（规格自查）	GB 号查阅标准
9	螺杆	1	35	
10	阀罩	1	ZL101	
11	螺钉	4	（规格自查）	GB 号查阅标准
12	垫圈	4	（规格自查）	GB 号查阅标准

备注:若安全阀阀盖与阀体之间用双头螺柱连接,请在明细表中再加 4 个螺母。

(四)测绘要求

1. 测绘分组进行,每个小组 6～10 人,每个小组选出组长 1 人。人人要有大局意识、团队意识,服从小组长的管理,成员间相互配合协作,展现良好的精神风貌。

2. 服从管理,遵守测绘室管理规章制度与测绘室学生守则。

3. 要耐心细致,善始善终,质量第一;爱护器物,丢失赔偿;文明工作,不得喧哗;讲究卫生,专人值日。

4. 测绘前要认真阅读测绘指导书,明确测绘的目的、任务、方法和步骤,熟悉测绘工具的使用方法。

5. 对部件进行全面的分析、研究,了解部件的用途、结构、性能、工作原理,以及零件间的装配关系。

6. 绘制零件图和装配图时,严格执行《机械制图》国家标准的规定,在规定的时间内圆满完成测绘任务。

7. 非标准件零件草图全部画在 A3 坐标纸上,小零件可以分格绘制,力求排列整齐。

8. 零件草图绘图比例为 1:1,采用简易的标题栏,请参考图 3.14 绘制。但表达方案必须简洁、合理,尺寸、技术要求标注要齐全。

9. 草图完成后,仔细检查、核对后,设计封面,编写图纸目录,装订成册。

10. 清洁部件、测绘工具与仪器,清洁测绘室卫生,上交电子与成册作业。

(五)测绘过程与方法

1. 对照实物及示意图了解安全阀的用途、工作原理;

2. 拆卸安全阀装配体,了解各零件的功用及装配关系;了解各零件的形状、结构、材料等;

3. 测量安全阀各标准件的规格尺寸填入明细表,从教材附录中查出其规定标记与材料名称;

4. 阅读参考书,参照同类零件的工作图确定零件草图的表达方案,绘制安全阀部件非标准零件草图;

5. 草图应先画好尺寸界线、尺寸线、箭头后,再逐个测量和填写尺寸数字;

6. 参照提示制订安全阀各零件的技术要求;

7. 根据零件草图绘制各非标准件的零件工作图;打印零件工作图;

8. 根据安全阀各零件图绘制其装配图;打印装配图;

9. 全部草图、零件图、装配图完成后,仔细检查、核对后,设计封面、装订成册;

10. 回装安全阀。

(六)测绘参考及提示

1. 测绘中对零件的缺陷在绘图时应予以纠正

测量尺寸时要注意各零件间有装配关系的尺寸,使之协调一致。零件的工艺结构可以查阅有关标准来确定形状和尺寸。

2. 尺寸公差参考

一般孔 H7 或 H8,轴类 h6 或 h7,内螺纹 7H,外螺纹 6 g。

3. 零件的表面质量参数值参考

零件的表面质量参数值应根据零件表面的作用及实际情况确定,一般为:静止接触面 $\sqrt{Ra\,12.5}$,无相对运动的配合面 $\sqrt{Ra\,3.2}$ 或 $\sqrt{Ra\,6.3}$,有相对运动的配合面 $\sqrt{Ra\,1.6}$ 或 $\sqrt{Ra\,0.8}$,其余加工面 $\sqrt{Ra\,25}$,非加工面 $\sqrt{}$。

4. 装配图尺寸标注及配合公差参考

装配图上应标注的尺寸请阅读教材有关内容。提示如下:

安装尺寸:阀体上左右阀盖、阀座安装孔的尺寸;进油孔的中心线至阀罩顶部尺寸;阀体左端面至安全阀中心线尺寸。

外形尺寸:总长、宽、高尺寸。

其他重要尺寸:如阀体进出油孔尺寸。

配合尺寸:在零件图选取了尺寸公差后就确定,即 H7/ h6 或 H8/ h7。

5. 草图参考

(1)封面内容参考

安全阀测绘草图(20号字)

班　级(10号字)

学　号(10号字)

姓　名(10号字)

组　别(10号字)

日　期(10号字)

图 3.14　封面内容参考格式

（2）草图绘制参考

第一页　安全阀装配示意图及明细表

第二页　阀体

第三页　阀盖；罩子；阀门

第四页　垫片；弹簧；螺杆；弹簧垫

第五页　标准件图（记录注意尺寸，便于绘制装配体）及明细表

（3）草图标题栏参考

图 3.15　草图标题栏参考格式

6. 日程安排参考

（1）利用两天时间完成零件测绘草图。

（2）利用两天时间完成零件工作图。

（3）利用一天时间完成安全阀装配图。

（4）利用业余时间书写安全阀测绘体会。

（七）测绘注意事项

1. 对于标准件，要区分类型、测量规格尺寸并查阅有关标准，在明细表中填写标准件的规定标记与材料名称，在草图上记录标准件的主要尺寸以便在绘制装配图中使用。

2. 零件草图全部画在 A3 坐标纸上，小零件可分格绘制，力求排列整齐。

3. 相关零件结构尺寸及表面粗糙度应协调一致。

4. 对于不易拆卸的零件，不便硬拆，但草图应分开绘制。

5. 在动手拆卸前，应弄清拆卸顺序和方法，准备好所需的拆卸工具和量具。

6. 在拆卸过程中，进一步了解安全阀，记住装配位置，必要时贴上零件的标签，编上顺序号码。有的零件为过盈配合或过渡配合是拆不开或不易拆开的。拆不开的经研究、分析可以弄清形状和测出基本尺寸。拆卸时不要轻易用锤子敲打，非敲打不可的应垫上铜块或木块后再敲打。

7. 画装配示意图时，对各零件的表达可以不受前后层次的限制（即当作透明体对待），一般用简单的图线画出零件的大致轮廓，国家标准规定了一些零部件的简图符号，详见附录 1。画完的示意图上的零件要编号，并记入名称、件数、材料及标准代号。

8. 拆卸之后应注意的事项

(1) 要保护机件的配合表面,防止损伤。

(2) 防止零件丢失,小件应装箱或用铁线串起来保管。

(3) 零件的件数多,怕弄错时,在零件上挂好标签,并编上与装配示意图上一致的号。

9. 绘制装配图前,要合理选择表达方案,需要经过指导老师确认表达方案方可绘制。装配图必须完整、清晰、准确地表达装配结构、装配关系,符合工作位置等。做到图面布置合理。配合部位应标注配合公差,尺寸标注要符合装配图的要求。

10. 回装安全阀

在现场测绘时,安全阀是在测绘完零件草图后回装机器。回装时,要注意装配顺序(包括零件的正反方向),做到一次安装成功。在装配中不轻易用锤子敲打,在装配前应将全部零件用煤油清洗干净,对配合面、加工面一定要涂上机油,方可装配。

情境二 A 型齿轮油泵测绘

(一)测绘目的

部件测绘是机械制图与计算机绘图课程的一个非常重要的实践教学环节,通过部件实物测绘使学生全面、系统地复习、检查、巩固、深化、拓展所学的基础理论、基本知识与基本技能,进一步提高学生绘图、读图的质量和速度,为后续课程的学习打下坚实的基础,测绘后应达到以下目的:

1. 了解徒手绘制草图、零部件测绘的意义。

2. 掌握装配体测绘的一般方法和步骤。

3. 综合运用、巩固机械制图课程所学内容,进一步提高绘制零件图、装配图能力,提升读图能力。

4. 掌握常用测绘工具的使用方法。

5. 掌握制图国家标准内容,具有查阅国家标准和手册的初步能力。

6. 培养自主学习意识、工程意识、分析问题与解决问题的能力;强化严格、细致工作作风及科学严谨的工作态度和团体协作能力。

(二)测绘内容

1. 绘制 A 型齿轮油泵装配示意图。

2. 绘制 A 型齿轮油泵非标准件零件草图及标准件明细表(A3)。

3. 绘制非标准零件工作图(A3),如泵盖、泵体、压盖、主动齿轮轴、从动齿轮等。打印零件图。

4. 绘制 A 型齿轮油泵装配图(A2),打印装配图。

5. 书写测绘体会。

（三）测绘对象及工作原理

1．测绘对象

A 型齿轮油泵共有 16 种零件，总计 25 件。

2．A 型齿轮油泵装配示意图

根据国家标准"机构运动简图符号"（见附录Ⅰ），所绘制 A 型齿轮油泵的装配示意图
如图 3.16 所示。

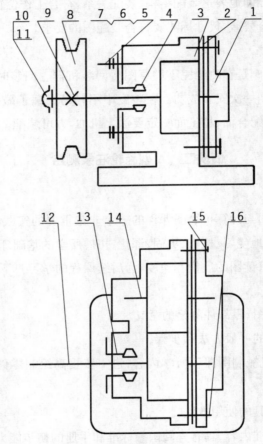

图 3.16 A 型齿轮油泵装配示意图

3．A 型齿轮油泵工作原理

A 型齿轮油泵是液压传动和润滑系统中常用的部件。如图 3.17 所示，它通过一对啮合
齿轮传动，将油从进油口吸入，由齿轮的齿间将油转至下端，通过出油口压出，以实现供油润
滑功能。

A 型齿轮油泵由泵体 3，泵盖 1，主动齿轮轴 12，从动齿轮 14，皮带轮 8 等 16 种零件组
成。泵体 3 和端盖 1 之间用 6 个螺钉 15 连接，并用两个圆柱销 16 定位，垫片 2 起调节间隙
和密封作用。齿轮轴 12、14 两端分别由泵体 3 和端盖 1 支承。齿轮轴 12 的左端装有皮带
轮 8，并用螺母 10、垫圈 11 拧紧，防止轴向松动。齿轮轴 12 上装有填料 4，通过填料压盖 13
和螺柱 5、垫圈 6、螺母 7 压紧，防止油沿轴向渗出，起密封作用。动力通过皮带轮 8 及平键 9

输入,使齿轮轴 12 旋转。其主动齿轮轴 12 旋转,带动从动齿轮轴 14 旋转。一对啮合的齿轮旋转,在泵体 3 上方进油口处产生局部真空,使压力降低,油被吸入,油从齿轮的齿隙被带到下方出油口处。当齿轮连续转动时就产生齿轮油泵的加压和输油作用。

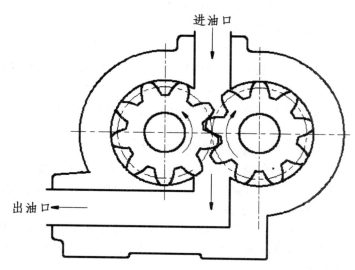

图 3.17　A 型齿轮油泵的工作原理图

4. 零件参考明细列表

A 型齿轮油泵零件参考明细如表 3.2 所示。

表 3.2　A 型齿轮油泵零件参考明细列表

序号	名　称	数　量	材　料	备　注
1	泵盖	1	HT200	
2	垫片	1	工业用纸	
3	泵体	1	HT200	
4	填料	1	石棉绳	
5	螺柱	2	(自查确定)	GB 号查阅标准
6	垫圈	2	(自查确定)	GB 号查阅标准
7	螺母	2	(自查确定)	GB 号查阅标准
8	皮带轮	1	HT150	
9	键	1	(自查确定)	GB 号查阅标准
10	螺母	1	(自查确定)	GB 号查阅标准
11	垫圈	1	35(自查确定)	GB 号查阅标准
12	主动齿轮轴	1	45	$m = ?, z = ?$
13	压盖	1	HT200	
14	从动齿轮轴	1	45	$m = ?, z = ?$
15	螺钉	6	(自查确定)	GB 号查阅标准
16	销	2	(自查确定)	GB 号查阅标准

备注:根据油泵上是否有保险装置而对零件进行增补,如图 3.20 所示。

（四）测绘要求

1. 测绘分组进行，每组 6～10 人，选出小组长 1 人，人人要有大局意识、团队意识，服从小组长的管理，成员间相互配合协作，展现良好的精神风貌。

2. 服从管理，遵守测绘室管理规章制度及测绘室学生守则。

3. 要耐心细致，善始善终，质量第一；爱护器物，丢失赔偿；文明工作，不得喧哗；讲究卫生，专人值日。

4. 测绘前要认真阅读测绘指导书，明确测绘的目的、任务及方法和步骤，熟悉测绘工具的使用方法。

5. 对部件进行全面的分析、研究，了解部件的用途、结构、性能、工作原理，以及零件间的装配关系。

6. 严格执行《机械制图》国家标准的规定，绘制零件图和装配图，独立完成绘图任务。

7. 零件草图全画在 A3 坐标纸上，小零件可分格绘制，力求排列整齐。

8. 零件草图绘图比例为 1∶1，采用简易的标题栏，请参考图 3.15 绘制。但表达方案必须简洁、合理，尺寸、技术要求标注要齐全。

9. 全部图纸完成后，仔细检查、核对后，设计封面、编写图纸目录，装订成册。

10. 清洁部件、测绘工具与仪器、清洁测绘室卫生、上交电子与成册作业。

（五）测绘过程与方法

1. 对照实物及示意图了解 A 型齿轮油泵的用途、工作原理。

2. 拆卸 A 型齿轮油泵装配体，了解各零件的功用及装配关系；了解各零件的形状、结构、材料等。

3. 测量 A 型齿轮油泵各标准件的规格尺寸并填入明细表，从教材后面附录中查出其规定标记与材料名称。

4. 阅读参考书，参照同类零件的工作图确定零件草图的表达方案，绘制 A 型齿轮油泵非标准零件草图。

5. 草图应先画好尺寸界线、尺寸线、箭头后，再逐个测量和填写尺寸数字。

6. 参照提示制订 A 型齿轮油泵各零件的技术要求。

7. 根据草图绘制 A 型齿轮油泵各非标准件的零件工作图。

8. 根据 A 型齿轮油泵各零件草图绘制其装配图。

9. 全部图纸完成应仔细检查、核对后，打印出图，设计封面、装订成册。

10. 回装齿轮油泵。

（六）测绘参考及提示

1. 测绘中对零件的缺陷在绘图时应予以纠正

测量尺寸时要注意各零件间有装配关系的尺寸，使之协调一致。零件的工艺结构可以查阅有关标准来确定形状和尺寸。

2. 尺寸公差参考

一般孔 H7 或 H8，轴类 h6 或 h7，内螺纹 7H，外螺纹 6g。

3. 零件的表面质量参数值参考

零件的表面质量参数值应根据零件表面的作用及实际情况确定，一般为：静止接触面 $\sqrt{Ra\,12.5}$，无相对运动的配合面 $\sqrt{Ra\,3.2}$ 或 $\sqrt{Ra\,6.3}$，有相对运动的配合面 $\sqrt{Ra\,1.6}$ 或 $\sqrt{Ra\,0.8}$，其

余加工面 $\sqrt{\overset{Ra\,25}{}}$,非加工面 $\sqrt{}$ 。

4. 装配图尺寸标注及配合公差参考

装配图上应标注的尺寸请阅读《机械制图》教材有关内容。提示如下：

性能尺寸：进出油口尺寸 G3/4。

配合尺寸：轴与泵体、轴与泵盖、轴与齿轮、轴与皮带轮其配合尺寸公差为 H7/h6；齿轮齿顶圆与泵体孔腔为 H8/h7；压盖与泵体内孔其配合尺寸公差为 H11/d11。

安装尺寸：主动齿轮轴与从动齿轮轴间距其技术要求上偏差为 +0.3，下偏差为 +0.1；泵体底座安装孔及空心距；主动齿轮轴的轴线与泵体底座之距离。

外形尺寸：总长、总宽、总高尺寸。

5. 装配图技术要求参考

(1) 泵盖与齿轮间的端面间隙为 0.05～0.12 mm，间隙使用垫片来调节。

(2) 安装完成后齿轮油泵使用 18 kgf/cm² 的柴油进行压力试验，不能有渗漏现象。

(3) 装配后齿顶圆与泵体内圈表面间隙为 0.02～0.06 mm。

(4) 装配后使用 60±2℃和 14 kgf/cm² 的柴油进行试验，当转速为 950 r/min，输油量不得小于 10 L/min。

6. 草图参考

(1) 封面内容请参照安全阀测绘。

(2) 草图绘制参考

第一页　A 型齿轮油泵装配示意图及明细表

第二页　泵体

第三页　泵盖；压盖；从动齿轮轴；皮带轮

第四页　垫片；主动齿轮轴

第五页　标准件图（记录注意尺寸，便于绘制装配体）及明细表

(3) 草图标题栏参考

请参照图 3.15 绘制。

7. 日程安排参考

(1) 利用两天时间完成零件测绘草图。

(2) 利用两天时间完成指定的 A 型齿轮油泵零件工作图。

(3) 利用一天时间完成 A 型齿轮油泵装配图。

(4) 利用业余时间书写测绘体会。

(七) 测绘注意事项

1. 对于标准件，要区分类型、测量规格尺寸并查阅有关标准，在明细表中填写标准件的规定标记与材料名称，在草图上记录标准件的主要尺寸以便在绘制装配图中使用。

2. 零件草图全部画在 A3 坐标纸上，小零件可分格绘制，力求排列整齐。

3. 相关零件结构尺寸及表面粗糙度应协调一致。

4. 对于不易拆卸的零件，不便硬拆，但草图应分开绘制。

5. 绘制装配图前，要合理选择表达方案，需要经过指导老师确认表达方案方可绘制。装配图必须完整、清晰、准确地表达装配结构、装配关系，符合工作位置等。做到图面布置合理。配合部位应标注配合公差，尺寸标注要符合装配图的要求。

6. 在动手拆卸前,应弄清拆卸顺序和方法,准备好所需要的拆卸工具和量具。

在拆卸过程中,进一步了解齿轮泵,要记住装配位置,必要时贴上零件的标签,编上顺序号码。有的零件呈过盈配合或过渡配合时拆不开或不易拆开(如主动齿轮与轴、泵盖与轴套、泵座与轴套等)。拆不开的经研究、分析可以弄清形状和测出基本尺寸。拆卸时不要轻易用锤子敲打,非敲打不可的,应垫上铜块或木块后再敲打。

7. 画装配示意图时,对各零件的表达可以不受前后层次的限制(即当作透明体对待),一般用简单的图线画出零件的大致轮廓,国家标准规定了一些零部件的简图符号,尽可能使用。画完的示意图上的零件要编号,并记入名称、件数、材料及标准代号。

8. 拆卸后应注意

(1) 要保护机件的配合表面,防止损伤。

(2) 防止零件丢失,小件应装箱或用铁线串起来保管。

(3) 零件的件数多,怕弄错时,在零件上挂好标签,并编上与装配示意图上一致的号。

9. 回装 A 型齿轮油泵

在现场测绘时,A 型齿轮油泵是在测绘完零件草图后,就回装机器的。回装时,要注意装配顺序(包括零件的正反方向),做到一次装成。在装配中不轻易用锤子敲打,在装配前应将全部零件用煤油清洗干净,对配合面、加工面一定要涂上机油,方可装配。

情境三　B 型齿轮泵测绘

(一) 测绘目的

部件测绘是机械制图与计算机绘图课程的一个非常重要的实践教学环节,通过部件实物测绘使学生全面、系统地复习、检查、巩固、深化、拓展所学的基础理论、基本知识与基本技能,进一步提高学生绘图、读图的质量和速度,为后续课程的学习打下坚实的基础,测绘后应达到以下目的:

1. 了解徒手绘制草图、零部件测绘的意义。

2. 掌握装配体测绘的一般方法和步骤。

3. 综合运用、巩固机械制图课程所学内容,进一步提高绘制零件图、装配图能力,提升读图能力。

4. 掌握常用测绘工具的使用方法。

5. 掌握制图国家标准内容,具有查阅国家标准和手册的初步能力。

6. 培养自主学习意识、工程意识、分析问题与解决问题的能力;强化严格、细致工作作风及科学严谨的工作态度和团体协作能力。

(二) 测绘内容

1. 绘制 B 型齿轮油泵装配示意图。

2. 绘制 B 型齿轮油泵非标准件零件草图及标准件明细表(A3)。

3. 绘制 B 型齿轮油泵非标准件的零件工作图(A3)。如泵盖、泵体、压盖、主动齿轮轴、从动齿轮等。

4. 绘制 B 型齿轮油泵装配图(A2)。

5. 书写测绘体会。

（三）测绘对象及工作原理

1. 测绘对象

B型齿轮油泵共有16种零件，总计22件。

2. B型齿轮油泵装配示意图

根据国家标准"机构运动简图符号"，所绘制B型齿轮油泵的装配示意图如图3.18所示。

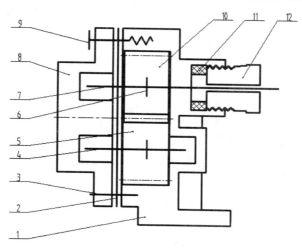

图 3.18　B 型齿轮泵装配示意图

3. B型齿轮油泵工作原理

B型齿轮泵用来给润滑系统提供压力油，其工作原理如图3.19所示。当主动齿轮作顺时针方向旋转时，带动从动齿轮作逆时针方向旋转，此时，相啮合的两个齿轮左边的轮齿逐渐分开，空腔内体积增大，压力降低，油液被吸入并随着齿轮的旋转被带到右腔；右边的轮齿逐渐啮合，空腔内的体积减小，不断挤出油液，使之成为高压油从出油口压出，经管道输送到指定部位。

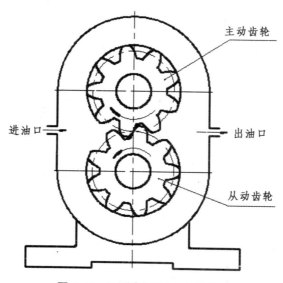

图 3.19　B 型齿轮泵工作原理图

为了使输出油液的油压处于某一范围,保证油路的安全,有的油泵的高压区一边的泵盖上设计了一个保险装置(类似于溢流阀),如图3.20所示。当高压区油压过高超过弹簧的调定压力时,油液会将钢球顶开,油液便从高压区流回低压区。而当高压区油压下降后,弹簧推动钢球再将高、低压区的通道堵死。

为防止泄漏,泵体和泵盖之间使用密封垫片,垫片也能起到调整轴向间隙的作用。主动轴输出端与泵体之间有密封及其调节装置(填料和调节螺塞),泵体上油液的输入、输出孔使用管螺纹与油管连接。

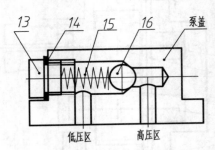

图 3.20　泵盖上的保险装置

4. 零件参考明细列表

B型齿轮油泵零件明细参考如表3.3所示。

表 3.3　B 型齿轮油泵零件参考明细列表

序号	零件名称	件数	材料	备注
1	泵体	1	HT200	
2	垫片	1	工业用纸	
3	销	2	(自查确定)	GB号查阅标准
4	从动轴	1	45	
5	从动齿轮	1	45	$m=?,z=?$
6	销	1	(自查确定)	GB号查阅标准
7	主动轴	1	45	
8	泵盖	1	HT200	
9	螺栓	1	(自查确定)	GB号查阅标准
10	主动齿轮	1	45	$m=?,z=?$
11	密封填料	6	粗羊毛毡	
12	填料螺塞	1	45	
13	调压螺柱	1	45	
14	垫片	1	Q235A	
15	弹簧	1	65Mn	$D=?,n=?$
16	钢球	1	45	

备注:根据油泵上是否有保险装置,对零件进行取舍。

(四) 测绘要求

1. 测绘分组进行,每组 6～10 人,每组选出小组长 1 人。人人要有大局意识、团队意识,服从小组长的管理,成员间相互配合协作,展现良好的精神风貌。

2. 服从管理,遵守测绘室管理规章制度、测绘室学生守则。

3. 要耐心细致,善始善终,质量第一;爱护器物,丢失赔偿;文明工作,不得喧哗;讲究卫生,专人值日。

4. 测绘前要认真阅读测绘指导书,明确测绘的目的、任务及方法和步骤,熟悉测绘工具的使用方法。

5. 对部件进行全面的分析、研究,了解部件的用途、结构、性能、工作原理,以及零件间的装配关系。

6. 严格执行《机械制图》国家标准的规定,绘制零件图和装配图,独立完成绘图任务。

7. 零件草图全画在 A3 坐标纸上,小零件可分格绘制,力求排列整齐。

8. 零件草图绘图比例为 1:1,采用简易的标题栏,请参考图 3.15 绘制。但表达方案必须简洁、合理,尺寸、技术要求标注要齐全。

9. 全部图纸完成应仔细检查、核对,设计封面、编写图纸目录,装订成册。

10. 清洁部件、测绘工具与仪器、清洁测绘室、上交电子和成册作业。

（五）测绘过程与方法

1. 对照实物及示意图了解 B 型齿轮油泵的用途、工作原理。

2. 拆卸 B 型齿轮油泵装配体,了解各零件的功用及装配关系;了解各零件的形状、结构、材料等。

3. 测量 B 型齿轮油泵各标准件的规格尺寸并填入明细表,从教材后面附录中查出其规定标记与材料名称。

4. 阅读参考书,参照同类零件的工作图确定零件草图的表达方案,绘制 B 型齿轮油泵非标准零件草图。

5. 草图应先画好尺寸界线、尺寸线、箭头后,再逐个测量和填写尺寸数字。

6. 参照提示制订 B 型齿轮油泵各零件的技术要求。

7. 根据 B 型齿轮油泵的泵体与主动齿轮轴草图绘制其零件工作图。

8. 根据 B 型齿轮油泵各零件草图绘制其装配图。

9. 全部图纸完成后,仔细检查、核对后,设计封面、装订成册。

10. 回装齿轮油泵。

（六）测绘参考及提示

1. 测绘中对零件的缺陷在绘图时应予以纠正

测量尺寸时要注意各零件间有装配关系的尺寸,使之协调一致。零件的工艺结构可以查阅有关标准来确定形状和尺寸。

2. 尺寸公差参考

一般孔 H7 或 H8,轴类 f6 或 f7,内螺纹 7H,外螺纹 6g。

3. 零件的表面质量参数值参考

零件的表面质量参数值应根据零件表面的作用及实际情况确定,一般为:静止接触面 $\sqrt{Ra12.5}$,无相对运动的配合面 $\sqrt{Ra3.2}$ 或 $\sqrt{Ra6.3}$,有相对运动的配合面 $\sqrt{Ra1.6}$ 或 $\sqrt{Ra0.8}$,其余加工面 $\sqrt{Ra25}$,非加工面 $\sqrt{}$。

4. 装配图尺寸标注及配合公差参考

装配图上应标注的尺寸请阅读教材有关内容。提示如下:

性能尺寸:进出油口尺寸 Rp3/8。

配合尺寸:齿轮齿顶圆与泵体孔腔、齿轮与轴之间的配合尺寸公差为 H8/f7,主动轴、从动轴与泵盖内孔,主动轴、从动轴与泵体内孔其配合尺寸公差为 H7/h6。

安装尺寸:主动齿轮轴与从动齿轮轴间距其技术要求上极限偏差为＋0.016,下极限偏差－0.016;泵体底座安装孔及空心距;主动齿轮轴的轴线与泵体底座之距离。

外形尺寸:总长、总宽、总高尺寸。

5. 装配图技术要求参考

(1) 齿轮油泵只能单方向旋转,不得反转。

(2) 装配后必须进行油压试验,任何部位不得有漏油现象。

(3) 泵盖与齿轮之间的端面安装间隙为 0.05～0.12 mm,间隙用垫片调整。

齿轮装配后,用手转动齿轮应灵活。两齿轮的轮齿啮合长度应在齿长的 3/4 以上。

齿轮侧面与泵盖的间隙为 0.09～0.12 mm,可加纸垫调整。

(4)泵的技术特性:

当升温达 90±3℃,油压为 $6×10^4$ Pa

转数 1 857 r/min

流量 3 290 升/小时

6. 草图参考

(1) 封面内容参照安全阀测绘

(2) 草图绘制参考

第一页　B 型齿轮油泵装配示意图及明细表

第二页　泵体

第三页　泵盖;压盖;从动齿轮轴;皮带轮

第四页　垫片;主动齿轮轴

第五页　标准件图(记录注意尺寸,便于绘制装配体)及明细表

(3) 草图标题栏参考

请参照图 3.15 绘制。

7. 日程安排参考

(1) 利用两天时间完成 B 型齿轮油泵零件测绘草图。

(2) 利用一天时间完成指定的零件工作图。

(3) 利用两天时间完成 B 型齿轮油泵装配图。

(4) 利用一天时间书写测绘体会。

(七) 测绘注意事项

1. 对于标准件,要区分类型、测量规格尺寸并查阅有关标准,在明细表中填写标准件的规定标记与材料名称,在草图上记录标准件的主要尺寸以便在绘制装配图中使用。

2. 零件草图全部画在 A3 坐标纸上,小零件可分格绘制,力求排列整齐。

3. 相关零件结构尺寸及表面粗糙度应协调一致。

4. 对于不易拆卸的零件,不便硬拆,但草图应分开绘制。

5. 绘制装配图前,要合理选择表达方案,需要经过指导老师确认表达方案方可绘制。装配图必须完整、清晰、准确地表达装配结构、装配关系,符合工作位置等。做到图面布置合理。配合部位应标注配合公差,尺寸标注要符合装配图的要求。

6. 在动手拆卸前,应弄清拆卸顺序和方法,准备好所需要的拆卸工具和量具。

在拆卸过程中,进一步了解齿轮泵,要记住装配位置,必要时贴上零件的标签,编上顺序号码。有的零件呈过盈配合或过渡配合时拆不开或不易拆开(如主动齿轮与轴、泵盖与轴

套、泵座与轴套等)。拆不开的零件经研究、分析可以弄清形状和测出基本尺寸。拆卸时不要轻易用锤子敲打,非敲打不可的,应垫上铜块或木块后再敲打。

7. 画装配示意图时,对各零件的表达可以不受前后层次的限制(即当作透明体对待),一般用简单的图线画出零件的大致轮廓,国家标准规定了一些零部件的简图符号,尽可能使用。画完的示意图上的零件要编号,并记入名称、件数、材料及标准代号。

8. 拆卸之后应注意

(1) 要保护机件的配合表面,防止损伤。

(2) 防止零件丢失,小件应装箱或用铁线串起来保管。

(3) 零件的件数较多,为防止混淆,应在零件上挂好标签,并书写上与装配示意图上一致的编号。

9. 回装 B 型齿轮油泵

在现场测绘时,B 型齿轮油泵是在测绘完零件草图后,就回装机器的。回装时,要注意装配顺序(包括零件的正反方向),做到一次装成。在装配中不轻易用锤子敲打,在装配前应将全部零件用煤油清洗干净,对配合面、加工面一定要涂上机油,方可装配。

附录1

机构运动简图符号

机构名称	基本符号	可用符号	机构名称	基本符号	可用符号
机架			凸轮机构 盘形凸轮		
轴、杆			圆柱凸轮		
组成部分与 轴(杆)的 固定连接			尖顶		
			曲面		
轴上飞轮			滚子		
齿轮机构 圆柱齿轮			向心轴承 普通轴承		
			滚动轴承		
圆锥齿轮			推力轴承 单向推力		
			双向推力		
蜗杆蜗轮			推力滚动轴承		
			单向向心推力 普通轴承		
齿轮齿条			双向向心推力 普通轴承		
扇形齿轮			向心推力滚动 轴承		
单向啮合 式离合器			弹簧 压缩弹簧		
双向摩擦 离合器			拉伸弹簧		
单向式			扭转弹簧		
双向式			涡卷弹簧		
电磁离合器			带传动		
安全离合器 有易损件			链传动		
安全离合器 无易损件			螺杆传动 整体螺母		
制动器			挠性轴		

附录 2

计算机绘图模拟试题

注意问题：

1. 所绘制的图形线型要正确，绘图要精确。请仔细阅读绘图要求。

2. 试卷要及时保存，请开机建立新文档后立刻点击保存，位置最好在桌面。考试结束，点击保存后，关掉自己的 DWG 文件并通过系统软件上交。文件名格式：学号姓名。本试卷中的"学号"均为学生本人的学号后 2 位数字。

作图要求：

1. 自己布置视图，将所有图形画在一张 A3 图纸上，尺寸为 297×420，横放。图框线为不留装订边形式(e = 10)，内图框线为粗实线，线宽为 0.5，外图框线为细实线，线宽为 0.2，注意线型。(5 分)

2. 在图框的右下角，按照图 1 尺寸与形式画出简易标题栏。建立字体式样名为：工程直体学号(字体名选择 gbenor，使用大字体，书写汉字)、工程斜体学号(字体名 gbeitc，使用大字体，书写数字)；使用 5 号字书写图 1 所有内容，否则扣分。将图名 CAD、所填写学号处定义为属性后，将图 1 定义成学号块(块名为学号)。图名改成考试试卷，学号书写成自己学号后两位数字。(20 分)

3. 按照表中要求建立图层，0 层不变。线宽按照国标要求进行选择。另外根据绘图需要自己可以建立其他图层，层名自定。所绘制的图线、书写的文字、标注的尺寸应与图层对应。例如同一种线型应绘制在同一图层上，颜色、线宽应相同。(5 分)

序号	图层名	颜色	线 型
1	中心线学号		center
2	粗实线学号		continuous
3	虚　线学号	自选(要使用有明显区别的颜色)	dashed
4	尺寸标注学号		continuous
5	字　体学号		continuous

4. 绘制图 2，比例 1∶1，将其按照图中角度的等分数等分并连线(请保留等分记号)，建立名为"尺寸学号"的标注样式并建立角度标注的子式样，标注角度、长度尺寸。(20 分)

图 1　1∶1 绘制，不标注尺寸

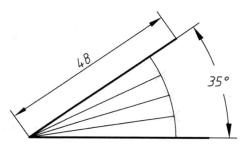

图 2　1∶1 绘制，标注尺寸

5. 绘制图 3，比例 1∶1，不标注尺寸，单学号绘制图 3.1，双学号绘制图 3.2。（10 分）

6. 绘制图 4，比例为 1∶2，标注尺寸，单学号绘制图 4.1，双学号绘制图 4.2。（15 分）

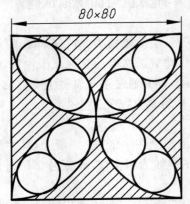

图 3.1　1∶1 绘制，不标注尺寸

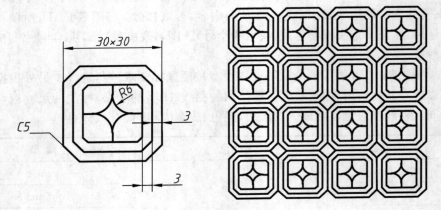

图 3.2　1∶1 绘制，不标注尺寸

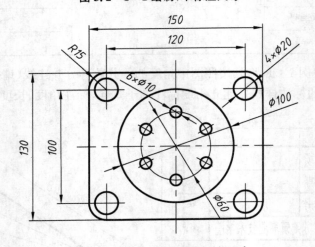

图 4.1　比例 1∶2 绘制，标注尺寸

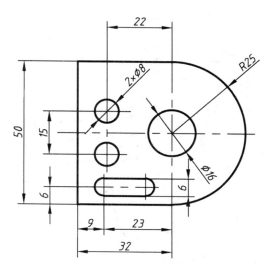

图 4.2　比例 1∶2 绘制,标注尺寸

7. 绘制图 5,比例 1∶1,不标注尺寸。单学号绘制图 5.1,双学号绘制图 5.2。(25 分)

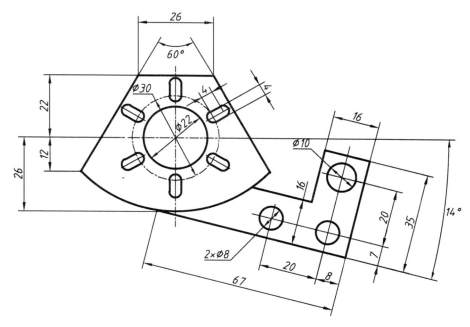

图 5.1　比例 1∶1 绘制,不标注尺寸

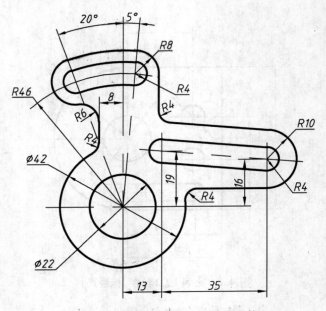

图 5.2　比例 1∶1 绘制,不标注尺寸

附录 3

机械制图与计算机绘图期末模拟试题

一、根据形体的主、俯视图,选择左视图,在正确的左视图( )内打√。每小题 3 分。(9 分)

1.

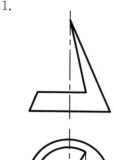

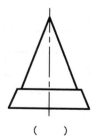

（ ）　　　（ ）　　　（ ）

2.

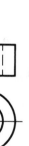
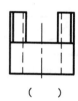
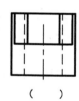
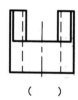

（ ）　　　（ ）　　　（ ）　　　（ ）

3.

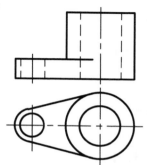
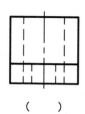
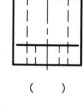
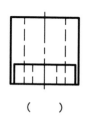

（ ）　　　（ ）　　　（ ）

二、补画形体三视图中的漏线,(10 分)

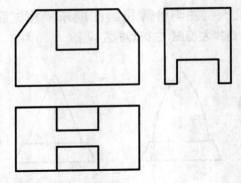

三、根据形体两视图,补画其左视图。(10 分)

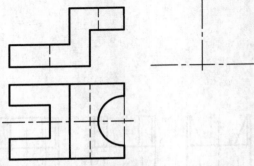

四、根据机件的两视图,在指定位置处用旋转剖画出全剖的主视图,并加以标注。(12 分)

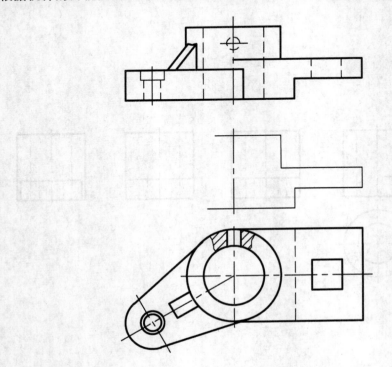

五、根据给出机件的图形与轴测图,画出 A 斜视图、B 向局部的视图,并加以标注,零件的宽度尺寸为 **26 mm**。(10 分)

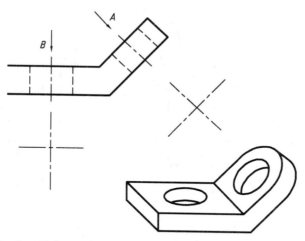

六、阅读轴零件视图,改正其断面图中的错误,并对断面图加以标注。(12 分)

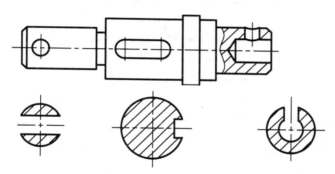

七、已知标准直齿轮的模数 $m=5$,齿数 $Z=40$,齿顶倒角为 $2 \times 45°$,试用比例 1∶2 完成其主、左视图,并标注齿轮齿顶圆和分度圆的直径。(10 分)

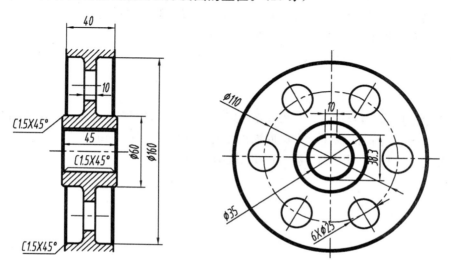

八、识读支架的投影图,按照要求回答问题。（27 分）

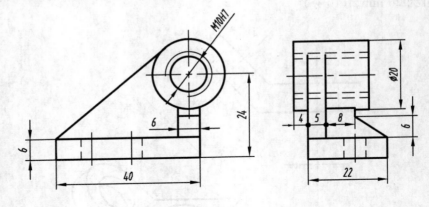

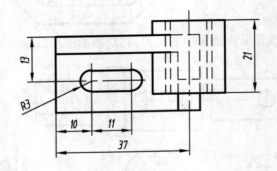

1. 填空(17 分)

(1)圆筒的定形尺寸为_____和_____;底板的定形尺寸为_____、_____和_____。

(2)圆筒高度方向的定位尺寸为_____,宽度方向的定位尺寸为_____,支架的总长尺寸为_____,总宽尺寸为_____,总高尺寸为_____。

(3)支架的底面是_____方向的尺寸基准,Φ20 孔的轴线是_____方向的尺寸基准,后支承板和底板的后面是_____方向的尺寸基准。

(4)尺寸 M10H7 中的 M 表示_____,10 表示_____,H 表示_____,7 表示_____。

2. 标注(6 分)

(1)底面的表面粗糙度 Ra 为 25 μm,Φ20 套筒的前端面表面粗糙度 Ra 为 3.2 μm。

(2)Φ20 mm 套筒的轴线对支架底面的平行度公差为 0.002 mm。

3. 在左视图原图上作出套筒的局部剖视图。(4 分)

附录 4 华东区 CAD 竞赛试题

第五届"浩辰杯"华东区大学生 CAD 应用技能竞赛
机械工程图绘制

任务目标：

参赛选手需完成五个任务，见下表。

任务情况表

任务序号	任务类型	分值	竞赛时间
任务一	创建样板文件	15	
任务二	几何作图与打印	25	
任务三	抄补剖视图	15	180 分钟
任务四	拼画装配图	45	
合计		100	

命名说明：

1. 文件夹命名要求：在 D 盘的根目录下，创建参赛选手文件夹，文件夹以"竞赛号"命名，如参赛选手竞赛号为"M2D001"，则创建文件夹的具体名称为"M2D001"。文件夹名称中间不允许出现空格，也不得以本人姓名或任何其他形式命名。本次竞赛所有任务的完成结果必须保存在上述参赛选手文件夹中，如"D:\M2D001"，否则以未做任务处理。

2. 文件命名要求：必须按任务要求命名文件名称。

3. 选手设置的文件夹名称和保存的文件名称不符合上述要求的，其内容不能作为比赛正式结果，不作为评分依据。

4. 考生全部答题完成后，请确认自己的答题内容是否保存在竞赛号文件夹中。如果考生参加不同竞赛类型（例如：建筑工程图、建筑三维建模），其竞赛号不同，请考生注意（例如：A2D001、A3D082）。

注意事项：

5. 总分 100 分，时间 180 分钟。在规定时间内完成即可，提前交卷的选手不予加分。

6. 竞赛过程中选手自行注意保存，如保存不及时造成数据丢失，后果自负。

7. 遇到意外情况，应及时向裁判报告，听从裁判安排，不要自行处理。

8. 选手在交答卷前，务必检查文件夹和文件名称是否正确；离开赛场前须将考卷交给裁判，不得带出赛场；离开时不得关机。

否定项：

1. 不能在上交文件中明示或暗示选手身份（校名、姓名等表明身份的信息），不得有雷同卷。

2. 再次提醒注意：考生请务必按照试卷要求操作，否则引起的后果由考生自己负责。

3. 如果考试过程出现死机等意外情况，请不要随意重启，请立即联系监考老师备份数据。

任务一　创建样板文件(15分)

1. 开图层及设置有关特性

按下表要求设置图层

图层名	颜　色	线　型	线　宽	层上主要内容
0	白	CONTINUOUS	Default	图框等
01	白	CONTINUOUS	0.50	粗实线
02	青	CONTINUOUS	0.25	细实线
03	红	CENTER	0.25	点画线
04	绿	HIDDEN	0.25	虚线
05	白	CONTINUOUS	0.25	标注尺寸
06	蓝	CONTINUOUS	0.25	注写文字

对点画线和虚线线型要求:

通过修改线型定义文件或通过制作线型的方法,使单点画线和虚线按图1-1尺寸要求定制,并将修改后的线型定义文件或制作的线型文件命名为"XXDY.lin"保存到已经创建的参赛选手文件夹中。

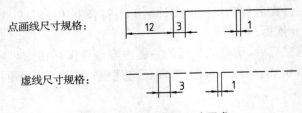

点画线尺寸规格:　12　3　1

虚线尺寸规格:　3　1

图1-1　定制线型尺寸要求

2. 设置文字样式

样式命名为"GCZT",字体名选择"gbenor",使用大字体为"gbcbig",宽度因子为1。

3. 设置标注样式及其子样式

新建标注样式名为"BZ",其中文字采用刚设置的"GCZT"文字样式,字高为3.5,其他参数请根据机械制图的国标要求进行设置,包括半径尺寸、直径尺寸和角度尺寸的子样式设置。

4. 创建A3布局

① 新建布局:删除缺省的视口。

② 布局更名:将新建布局更名为"A3"。

③ 打印机配置:配置打印机/绘图仪为 DWG TO PDF.pc3 文件格式的虚拟打印机。

④ 打印设置:纸张幅面为 A3,横放;打印边界:四周均为 0;打印样式:采用黑白打印,打印比例为 1:1。

5. 绘制图框

在布局"A3"上绘制:用 1:1 的比例,按 GB－A3 图纸幅面要求,横装、留装订边,在 0 层中绘制图框。

6. 绘制块标题栏

① 绘制

按图 1－2 所示的标题栏,在 0 层中绘制,不标注尺寸。

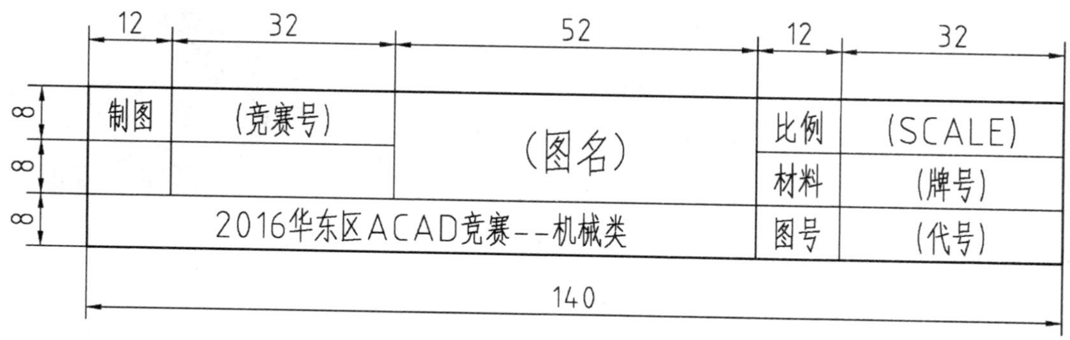

图 1－2　标题栏

② 定义属性

将"(竞赛号)"、"(图名)"、"(SCALE)"、"(牌号)"和"(代号)"均定义为属性,字高:(图名)为 7、其余均为 5。

③ 定义图块　将标题栏连同属性一起定义为块,块名为"BTL",基点为右下角。

④ 插入图块　插入该图块于图框的右下角,分别将属性"(图名)"和"(竞赛号)"的值改为"基本设置"和参赛选手"参赛号"。

7. 创建 A2 布局

同样方法和要求创建 A2 图纸幅面的布局,布局名为"A2"。

8. 保存为样板文件

将该文件保存为样板文件,文件名为"TASK01.dwt",保存到指定的文件夹中。

任务二　几何作图(25 分)

1. 新建图形文件

从任务一的样板文件"TASK01.dwt"开始建立新图形文件,命名为"TASK02.dwg",并保存到指定的文件夹中。

2. 绘制图形

本任务需绘制 4 个图,如图 2－1 所示,均按图示几何关系要求和尺寸要求 1:1 绘制,不注尺寸。

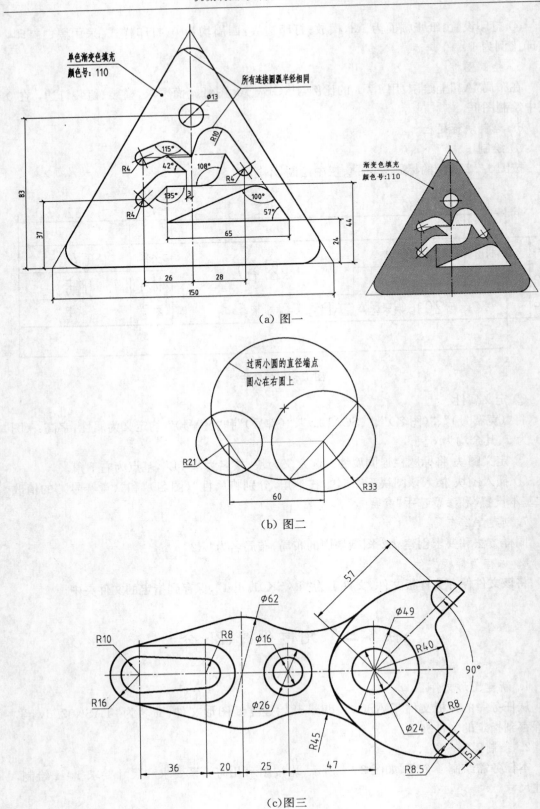

(a) 图一

(b) 图二

(c)图三

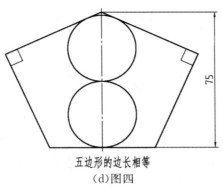

五边形的边长相等

(d)图四

图 2 - 1　任务二的四图

3. 布局排布

① 开设视口

在布局"A3"上,开设 4 个大小适当的矩形视口,布满 A3 图框。

② 布置图形

于 4 个视口中均按 1∶1 分别布置 4 个图,并锁定视口,如图 2 - 2 所示。

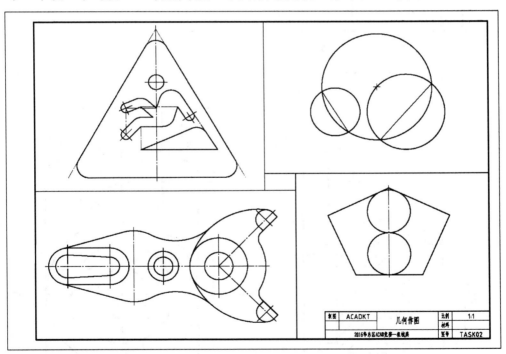

图 2 - 2　图形布置

4. 修改属性

将属性"(图名)"的值改为"几何作图"。

5. 虚拟打印

打印该布局,输出为"几何作图.pdf",保存到指定的文件夹中。

任务三　抄补剖视图（15 分）

1. 新建图形文件

可以从任务一的样板文件"TASK01. dwt"开始建立新图形文件，命名为"TASK03 抄补图. dwg"，并保存到指定的文件夹中。

2. 抄、补视图

已知图 3-1 所示的三面不完整的剖视图，请将其绘出，同时补全主、左视图中的漏线（相贯线可以用三点圆弧代替），无须注尺寸。（请将考卷向右旋转 90°看图）

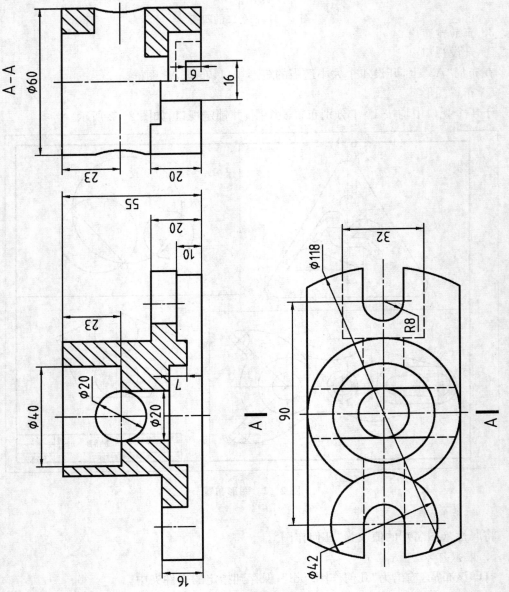

图 3-1　已给视图

任务四 拼画装配图(45分)

(一)任务

本题的任务是根据皮带轮传动部件的装配示意图、标准件表和零件简化图,拼画出装配图,结果文件命名为"TASK04.dwg",保存到指定的文件夹中。图面应符合国家标准《技术制图》的要求,做到投影正确、画法正确、制图规范,并满足机械工程的需求。

1. 图形设置

本任务可以基于任务一的样板文件"TASK01.dwt",并进行按需修改。

2. 模型空间 1∶1 绘图

◇ 该任务需要绘制主视图和左视图才能表达完整。

◇ 螺纹连接件采用近似比例画法。

◇ 球轴承采用规定画法。

◇ 小间隙要夸大,使得在出图时间隙明显可见。

◇ 根据装配图的要求,标注主要的四类尺寸。

◇ 可以省略小的工艺结构,但要画出铸造圆角和 V 带轮的铸造斜度 1∶20。

◇ 引出的零件序号应排列整齐,符合规范。

◇ 不要求写"技术要求"。

注意:明细表绘制在图纸空间。

3. 图样布置

将该图 1∶1 布置在 A2 幅面的布局中,绘制和填写明细表,并在标题栏中完成装配图的名称(皮带轮传动部件)、比例和图号等文字内容。

(二)资料

1. 皮带轮传动部件的装配示意图,见图 4-1 所示。

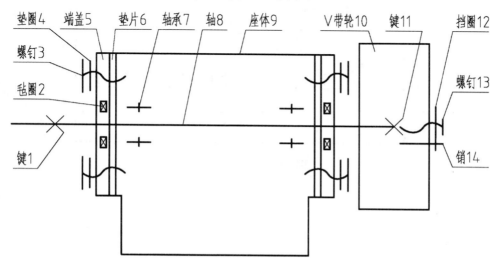

图 4-1 装配示意图

2. 标准件表

序号	名称	标注编号	数量	材料
1	键 8×7×32	GB/T 1095—2003	1	45
2	毡圈	FJ 314—1981	2	222 − 36
3	螺钉 M6×20	GB/T 5783—2000	12	Q235 − A
4	垫圈 6	GB/T 93—1987	12	65Mn
7	轴承 6207	GB/T 297—1994	2	
11	键 8×7×40	GB/T 1095—2003	1	45
12	挡圈 35	GB/T 891—1986	1	Q235 − A
13	螺钉 M6×18	GB/T 69—2000	1	Q235 − A
14	销 3×12	GB/T 119.1—2000	1	35

轴承 6207 的宽度是 17，调整垫片（序号 6）的材料是 08F。

3. 各零件图

见两页附图。

4. 明细表样式，见图 4 - 2 所示。

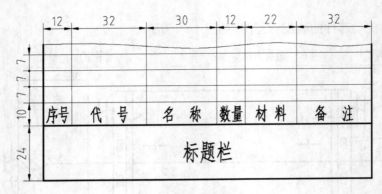

图 4 - 2　明细表样式

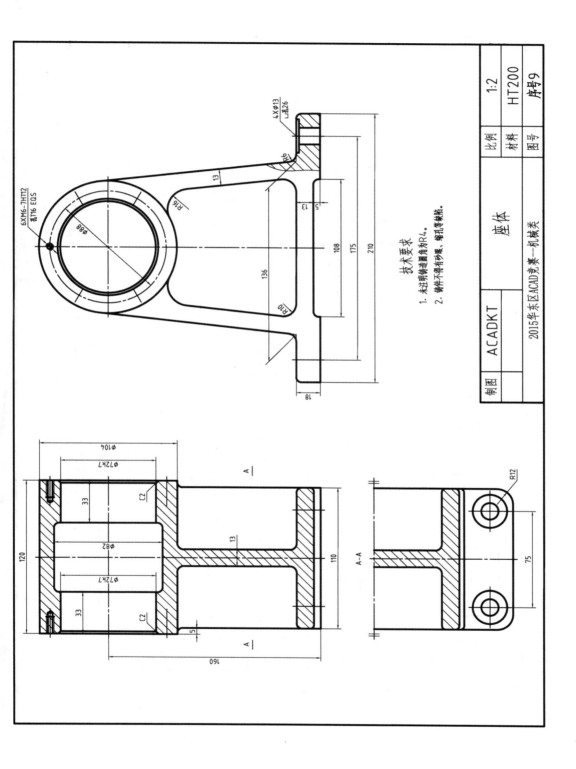

技术要求
1. 未注明铸造圆角为R4。
2. 铸件不得有砂眼、缩孔等缺陷。

制图	ACADKT	座体	比例	1:2
			材料	HT200
	2015华东区ACAD竞赛—机械类		图号	序号9

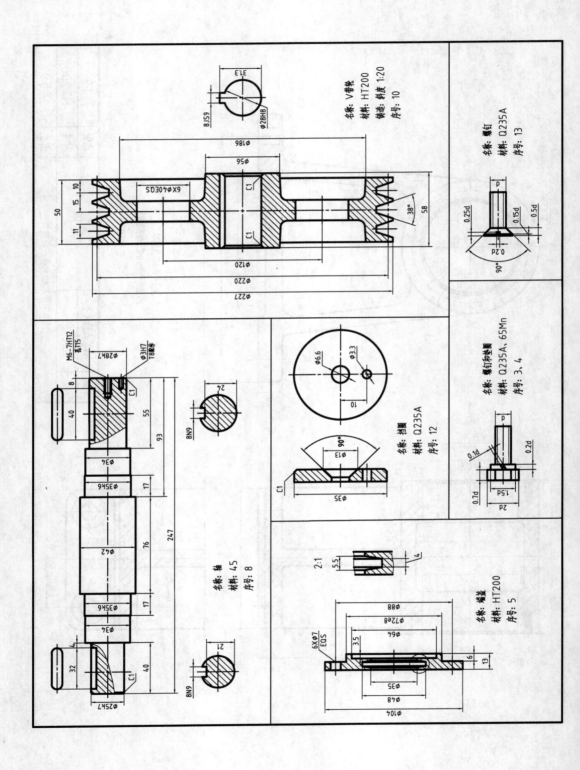

名称：V带轮
材料：HT200
斜度 1:20
链连 斜度：10
序号：10

名称：螺钉
材料：Q235A
序号：13

名称：螺钉和垫圈
材料：Q235A、65Mn
序号：3、4

名称：挡圈
材料：Q235A
序号：12

名称：轴
材料：45
序号：8

名称：端盖
材料：HT200
序号：5

第六届"浩辰杯"华东区大学生 CAD 应用技能竞赛
机械类 CAD 竞赛任务书

任务目标：

参赛选手需完成六个任务，见下表。

任务情况表

任务序号	任务类型	分值	竞赛时间
任务一	创建样板文件	14	
任务二	几何作图与打印	12	
任务三	抄、补三视图	14	
任务四	机件图样画法	20	180 分钟
任务五	拼画装配图	30	
任务六	拆画零件图	10	
合计		100	

命名说明：

1. 文件夹命名要求：在 E 盘的根目录下，创建参赛选手文件夹，文件夹以"竞赛号"命名，如参赛选手竞赛号为"ACAD001"，则创建文件夹的具体名称为"ACAD001"。文件夹名称中间不允许出现空格，也不得以本人姓名或任何其他形式命名。

本次竞赛所有任务的完成结果必须保存在上述参赛选手文件夹中，如"E:\ ACAD001"，否则以未做任务处理。

2. 文件命名要求：必须按任务要求命名文件名称。

3. 选手设置的文件夹名称和保存的文件名称不符合上述要求的，其内容不能作为比赛正式结果，不作为评分依据。

4. 应及时保存文件，建议设置 10 分钟自动保存一次。

注意事项：

1. 总分 100 分，时间 180 分钟。

2. 在规定时间内完成即可，提前交卷的选手不予加分。

3. 考试过程中，所需素材文件均已经放在 E 盘上文件夹"CAD 素材"中，就一个素材："轴承座. dwg"。

4. 竞赛过程中选手自行注意保存，如保存不及时造成数据丢失，后果自负。

5. 遇到意外情况，应及时向裁判报告，听从裁判安排，不要自行处理。

6. 选手在交答卷前，务必检查文件夹和文件名称是否正确；离开赛场前须将考卷交给裁判，不得带出赛场；离开时不得关机。

7. 选手不得携带信息存储设备和通信设备。否定项：不能在上交文件中明示或暗示选手身份，不得有雷同卷。

任务一 创建样板文件(14 分)

1. 新建图层
按下表要求设置图层及其特性

图层名	颜 色	线 型	线 宽
粗实线	白	CONTINUOUS	0.50
点画线	红	CENTER	0.25
虚线	青	HIDDEN	0.25

对"点画线"和"虚线"线型要求：通过修改线型定义文件,使点画线和虚线按图1-1尺寸要求定制,并将修改后的线型定义文件命名为"XXDY. lin"保存到参赛选手文件夹中。

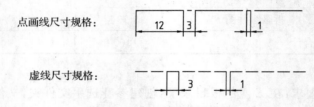

点画线尺寸规格：

虚线尺寸规格：

图 1-1 定制线型尺寸要求

2. 设置文字样式
样式命名为"GCZT",字体名选择"gbenor",使用大字体为"gbcbig",宽度因子为1。

3. 设置标注样式及其子样式
新建标注样式名为"BZ",其中文字采用刚设置的"GCZT"文字样式,字高为 3.5,其他参数请根据机械制图的国标要求进行设置,包括半径尺寸、直径尺寸和角度尺寸的子样式设置。

4. 创建 A3 布局
① 新建布局：删除缺省的视口。
② 布局更名：将新建布局更名为"A3"。
③ 打印机配置：配置打印机/绘图仪为 DWG TO PDF. pc3 文件格式的虚拟打印机。
④ 打印设置：纸张幅面为 A3,横放;打印边界：四周均为 0;打印样式：采用黑白打印,打印比例为 1：1。

5. 绘制图框
在布局"A3"上绘制：用 1：1 的比例,按 GB-A3 图纸幅面要求,横装、留装订边,在 0 层中绘制图框。

6. 绘制块标题栏
① 绘制
按图 1-2 所示的标题栏,在 0 层中绘制,不标注尺寸。

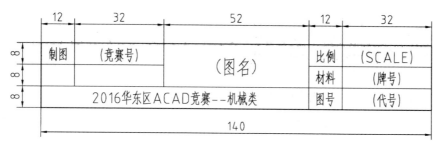

图 1-2　标题栏

② 定义属性

将"（竞赛号）"、"（图名）"、"（SCALE）"、"（牌号）"和"（代号）"均定义为属性,字高：（图名）为 7,其余均为 5。

其余文字为普通文字,字高均为 5。所有文字均需居中。

③ 定义图块

将标题栏连同属性一起定义为块,块名为"BTL",基点为右下角。

④ 插入图块

插入该图块于图框的右下角,分别将属性"（图名）"和"（竞赛号）"的值改为"基本设置"和参赛选手"参赛号"。

7. 保存为样板文件

将该文件保存为样板文件,文件名为"TASK01.dwt",保存到指定的文件夹中。

任务二　几何作图（12分）

1. 新建图形文件

从任务一的样板文件"TASK01.dwt"开始建立新图形文件,命名为"TASK02.dwg",并保存到指定的文件夹中。

2. 绘制图形

本任务需绘制 2 个图,如图 2-1 所示,均按图示几何关系要求和尺寸要求 1:1 绘制,不注尺寸。

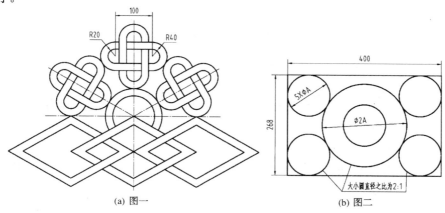

(a) 图一　　　　　　　　　　　(b) 图二

图 2-1　任务二的 2 个图

3. 布局排布

① 开设视口

在布局"A3"上，开设 2 个大小适当的矩形视口。

② 布置图形

于 2 个视口中均按 1：3 分别布置 2 个图，并锁定视口，如图 2-2 所示。

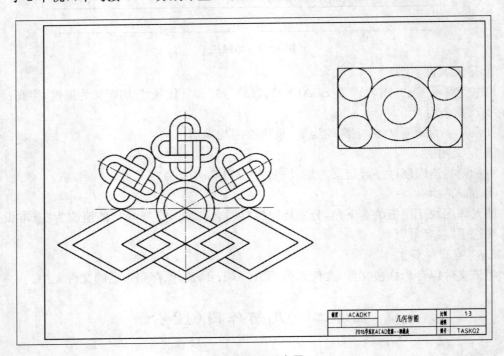

图 2-2　图形布置

4. 修改属性

将属性"(图名)"的值改为"几何作图"。

5. 虚拟打印

打印该布局，输出为"几何作图.pdf"，保存到指定的文件夹中。

任务三　抄、补三视图（14 分）

1. 新建图形文件

可以从任务一的样板文件"TASK01.dwt"开始建立新图形文件，命名为"TASK03.dwg"，并保存到指定的文件夹中。

2. 抄、补视图

已知图 3-1 所示的主视图和俯视图，请将其绘出，并补出左视图（相贯线可以用三点圆弧代替），无须注尺寸。

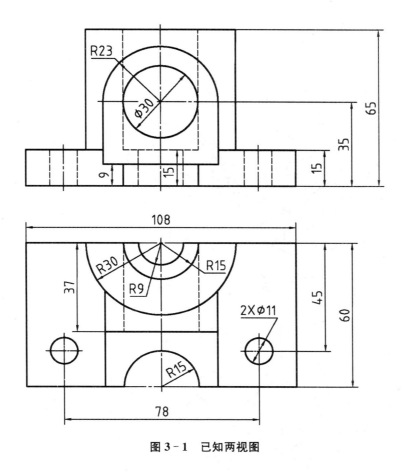

图 3-1　已知两视图

任务四　机件图样画法（20 分）

1. 新建图形文件

可以从任务一的样板文件"TASK01. dwt"开始建立新图形文件,命名为"TASK04 .dwg",并保存到指定的文件夹中。

2. 图样表达

根据图 4-1 所示某支架零件的轴测图和尺寸,用适当的视图、剖视图和断面图等手段表达该零件的形状和结构,无须注尺寸。该零件的材料为 HT200,铸造圆角 R2～3。

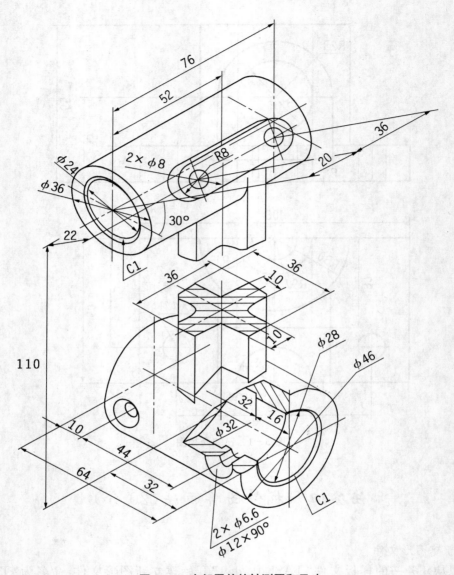

图 4-1　支架零件的轴测图和尺寸

任务五　拼画装配图（30分）

（一）任务

本题的任务是根据轴系零件传动部件的装配示意图、标准件表、零件简化图和轴承座的
DWG 文件，拼画出装配图，结果文件命名为"TASK05. dwg"，保存到指定的文件夹中。

1. 图形设置

本任务可以基于任务一的样板文件"TASK01. dwt"，并进行按需修改。

2. 模型空间 1∶1 绘图

◇ 该任务需要绘制主视图和左视图才能表达完整。

◇ 螺纹连接件采用近似比例画法。

◇ 球轴承采用规定画法。

◇ 小间隙要夸大,使得在出图时间隙明显可见。

◇ 可以省略小的工艺结构,但要画出铸造圆角和齿轮的斜度。

◇ 引出的零件序号应排列整齐,符合规范。

◇ 不要求写"技术要求"。注意:明细表绘制在图纸空间。

3. 标注尺寸

装配图中通常需要标注 4 类尺寸,其中配合尺寸,请根据零件图中的公差带代号进行标注。

4. 图样布置

将该图 1∶1 布置在 A2 幅面的布局中,绘制和填写明细表,并在标题栏中完成装配图的名称(轴系传动部件)、比例和图号等文字内容。

(二) 资料

1. 轴系传动部件的装配示意图,见图 5−1 所示

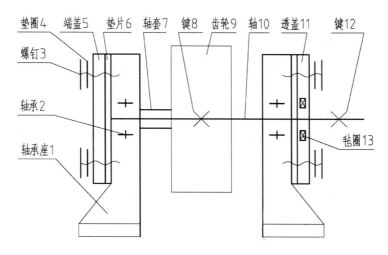

图 5−1 装配示意图

2. 标准件表

序号	名称	标注编号	数量	材料
2	轴承 6207	GB/T 297—1994	2	
3	螺钉 M6×20	GB/T 5783—2000	12	Q235 - A
4	垫圈 6	GB/T 93—1987	12	65Mn
8	键 10×8×40	GB/T 1096—2003	1	45
12	键 8×7×32	GB/T 1095—2003	1	45
13	毡圈	FJ 314—1981	1	222 - 36

轴承(序号 2)的代号为 6207,其宽度尺寸是 17;调整垫片(序号 6)的材料是 08F。

3. 轴承座的 DWG 文件

轴承座的 DWG 文件在桌面的"CAD 素材"文件夹中,应调用该文件绘制装配图。

4. 各零件图

见任务五附图。

5. 明细表样式,见图 5-2 所示

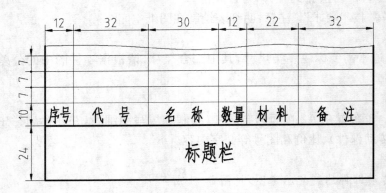

图 5-2　明细表样式

任务六　由装配图拆画零件图(10 分)

1. 新建图形文件

可以从任务一的样板文件"TASK01. dwt"开始建立新图形文件,命名为"TASK06. dwg",并保存到指定的文件夹中。

2. 拆画零件图

根据本题"任务六附图",即"微动机构"装配图,画出导杆(件 10)的零件图。未明确的尺寸可以从图中 1∶1 量取。

3. 任务要求

(1) 合理的视图表达;

(2) 标注尺寸及公差、表面粗糙度、形位公差;

(3) 注写技术要求;

(4) 填写标题栏。

4. 已知条件

(1) $\phi20$ 圆柱面:Ra 值为 1.6;圆柱度为 0.01;$\phi20f7$ 的上下偏差是 -0.020、-0.041。

(2) 其余表面:Ra 值为 3.2 或 6.3;自由公差。

(3) 倒角为 C1。

(4) 调质处理:HRB220~250。

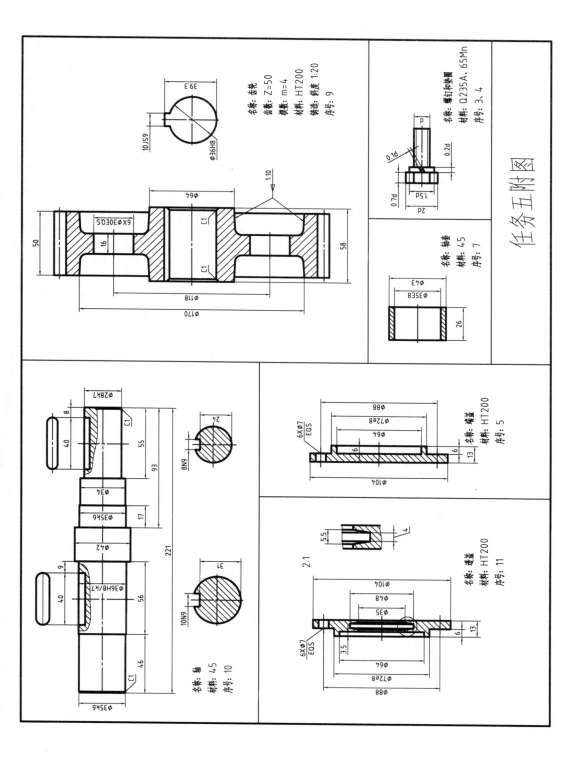

任务五附图

名称：齿轮
齿数：Z=50
模数：m=4
材料：HT200
锥度 1:20
序号：9

名称：螺钉和垫圈
材料：Q235A、65Mn
序号：3、4

名称：轴套
材料：45
序号：7

名称：端盖
材料：HT200
序号：5

名称：透盖
材料：HT200
序号：11

名称：轴
材料：45
序号：10

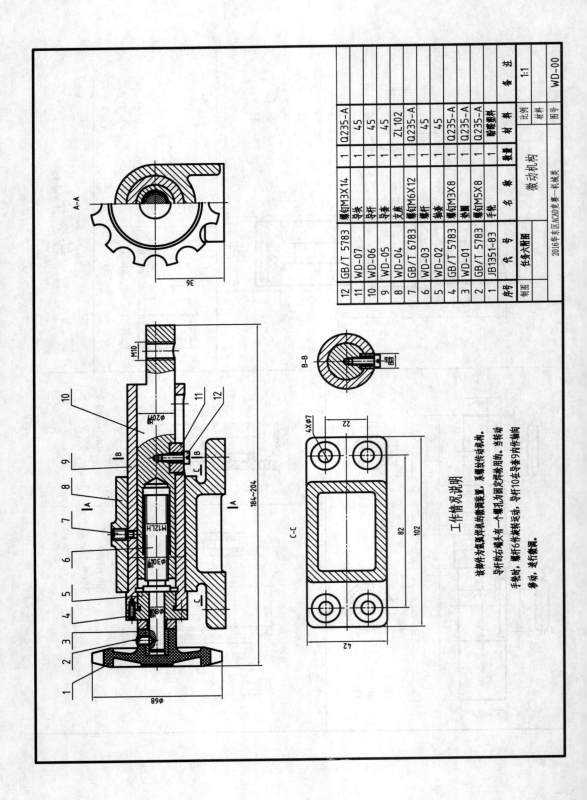

工作情况说明

该部件为夹具体铣机的微调装置，系螺钉传动机构。

导杆的右端上有一个螺孔为固定环帽用的。当转动手轮时，螺杆6作旋转运动，导杆10在零号9内作轴向移动，进行微调。

第六届"浩辰杯"华东区大学生 CAD 应用技能竞赛
三维数字建模试卷(机械类)

2016 年 6 月

命名说明:

1. 文件夹命名要求:在 E 盘的根目录下,创建参赛选手文件夹,文件夹以"竞赛号"命名。文件夹名称中间不允许出现空格,也不得以本人姓名或任何其他形式命名。本次竞赛所有任务的完成结果必须保存在上述参赛选手文件夹中,否则以未做任务处理。

2. 文件命名要求:必须按任务要求命名文件名称。

3. 选手设置的文件夹名称和保存的文件名称不符合上述要求的,其内容不能作为比赛正式结果,不作为评分依据。

4. 考生全部答题完成后,请确认自己的答题内容是否保存在竞赛号文件夹中。如果考生参加不同竞赛类型(例如:建筑工程图、建筑三维建模),其竞赛号不同,请考生注意。

注意事项:

5. 竞赛过程中选手自行注意保存,如保存不及时造成数据丢失,后果自负。

6. 遇到意外情况,应及时向裁判报告,听从裁判安排,不要自行处理。

7. 选手在交答卷前,务必检查文件夹和文件名称是否正确;离开赛场前须将考卷交给裁判,不得带出赛场;离开时不得关机。

一、建模、装配与爆炸视图(50 分)

根据回油泵的工作原理、装配示意图和各零件视图,完成零件建模及装配,详见如下各图。

工作原理:回油泵是装在柴油发动机供油管路中的一个部件,使剩余柴油回到油箱中。示意图上用箭头表示了油的流动方向。在正常工作时,柴油从阀体 1 右端孔流入,从下端孔流出。当主油路获得过量的油时,油压升高,高压油克服弹簧 5 的压力,向上顶起阀门 2,过量的油就从阀体 1 和阀门 2 开启后的缝隙中流出,从左端管道流回油箱。阀门 2 的启闭由弹簧 5 控制。弹簧压力的大小由螺杆 8 调节。阀帽 7 用以保护螺杆免受损伤或触动。

阀门 2 上的螺孔是在研磨阀门接触面时,连接带动阀门转动的支撑杆和装卸阀门用的。阀门 2 下部有两个横向小孔,其作用是快速溢油,以减少阀门运动时的背压力。

建模要求:

1. 在自己的竞赛号文件夹中再建一个文件夹" TEST1";将每个零件以零件名拼音(如:FATI)命名,全部零件建模完成后,进行装配。装配图以 HYB 为名称件存入该文件夹中(零件的名称见各零件图上的图名。如有未给定尺寸,请选手自行确定)。

2. 完成回油泵的爆炸视图,保存为 HYB_BAOZHA。

3. 严格按尺寸建立所有零件的三维模型,并将各零件装配,零件间不得干涉;标准件,建模或调用标准件均可,方法不限。

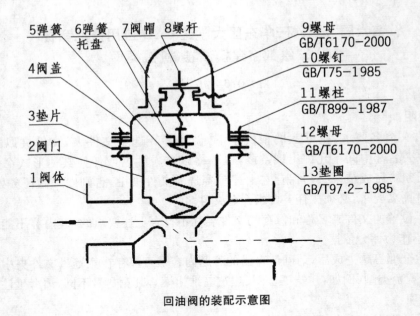

回油阀的装配示意图

零件图如下:

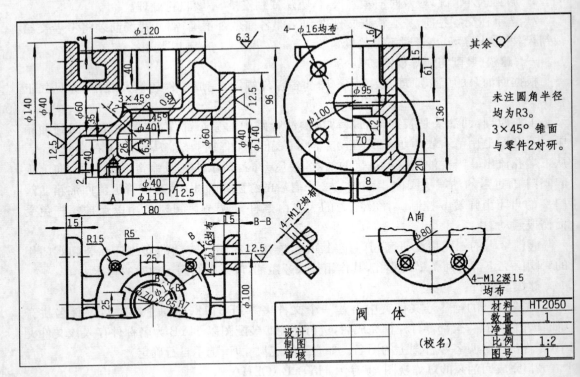

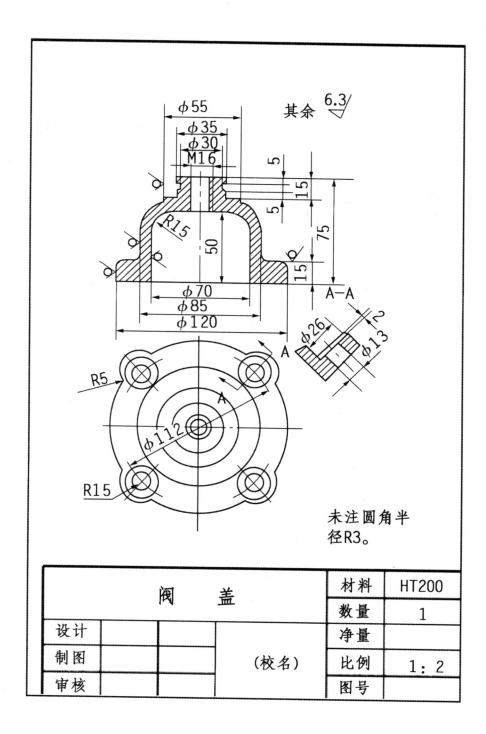

其余 6.3

未注圆角半
径R3。

阀　　盖			材料	HT200
			数量	1
设计			净量	
制图		（校名）	比例	1：2
审核			图号	

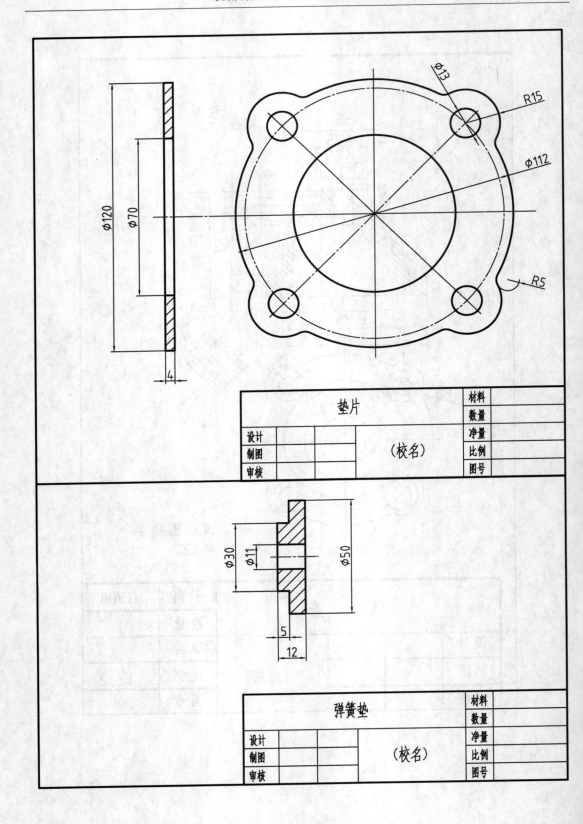

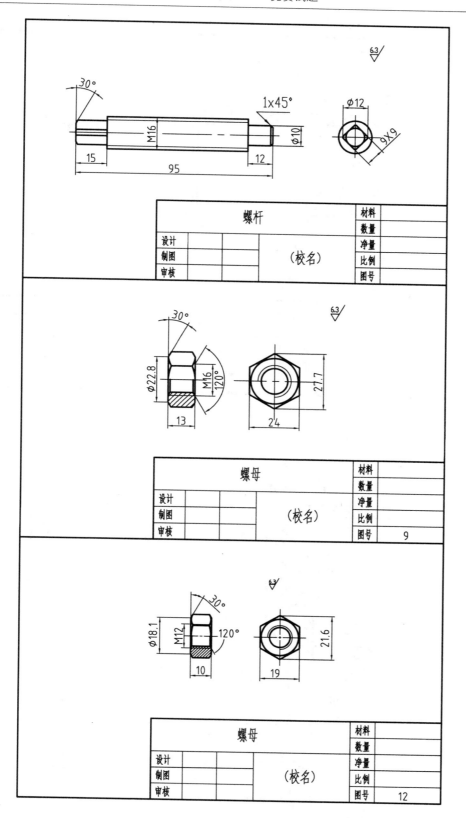

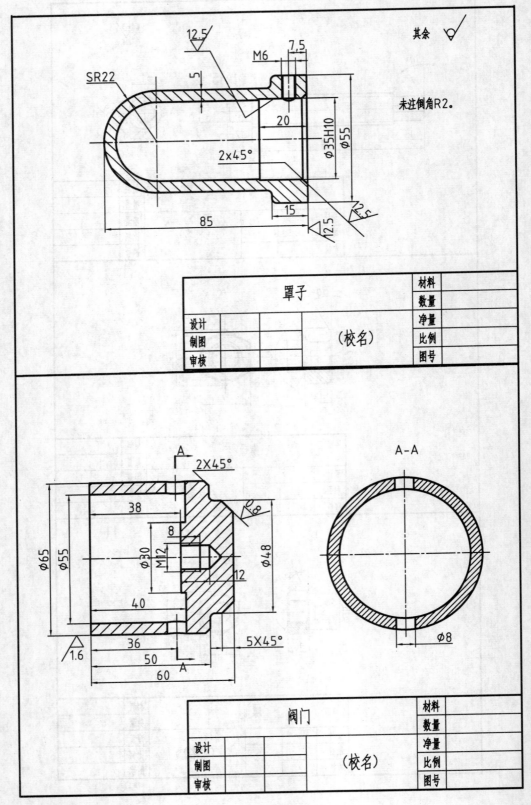

罩子

			材料	
设计			净量	
制图		（校名）	比例	
审核			图号	

			材料	
			数量	
阀门			净量	
设计			比例	
制图		（校名）		
审核			图号	

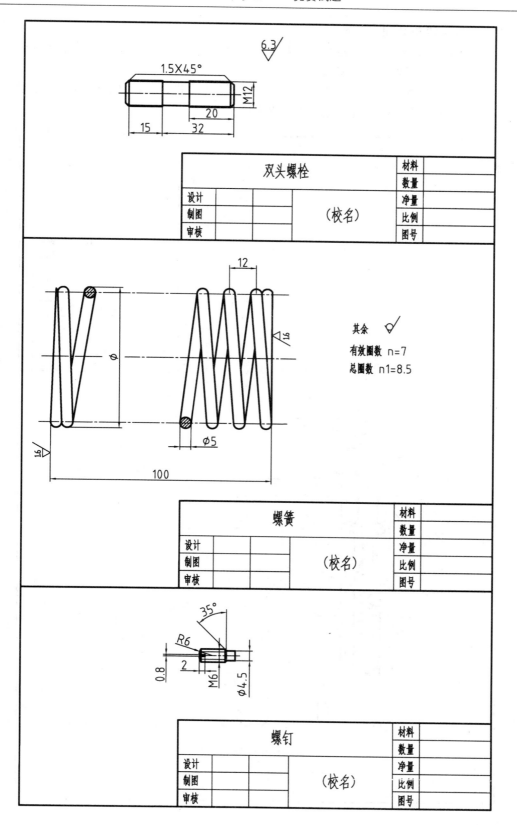

双头螺栓			材料	
			数量	
设计			净量	
制图		（校名）	比例	
审核			图号	

螺簧			材料	
			数量	
设计			净量	
制图		（校名）	比例	
审核			图号	

螺钉			材料	
			数量	
设计			净量	
制图		（校名）	比例	
审核			图号	

二、拆装建模与装配(15 分)

根据下图所示的泄气阀的装配图以及工作原理说明,进行拆画:2 号零件阀套(材料为 Q235)零件,并完成零件的三维建模。要求如下:

1. 要求根据装配与零件的外形以及功能结构,进行零件设计,完成阀套的三维模型。

2. 将模型以 FATAO 命名文件,存入竞赛号文件夹中。

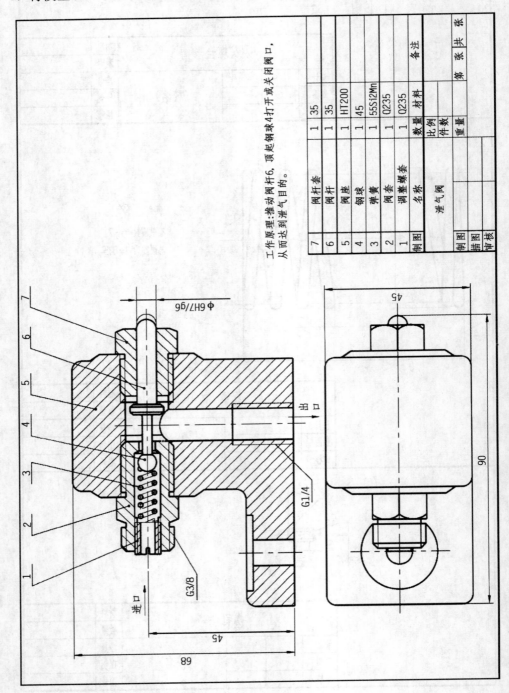

工作原理:推动阀杆6,顶起钢球4打开或关闭阀口,从而达到泄气目的。

7	阀杆套	1	35	
6	阀杆	1	35	
5	阀座	1	HT200	
4	钢球	1	45	
3	弹簧	1	55Si2Mn	
2	阀套	1	Q235	
1	调整螺套	1	Q235	
制图	名称	数量	材料	备注

泄气阀	比例		第 张 共 张
	件数		
制图	重量		
描图			
审核			

三、零件工程图题（20 分）

要求：

1. 根据任务一完成的阀体三维模型，完成阀体零件的工程图。参考图样为本试卷 P3 页图纸。

2. 将完成的工程图保存为 FATI_TZ。

3. 将工程图输出为：阀体.pdf，保存到考生文件中。

四、自由造型题（15 分）

龙泉剑始于春秋战国时期，是按汉族传统工艺铸造的宝剑。请根据给定的龙泉剑的三维模型参考图片，完成零件的三维数字建模。（剑鞘不需要建模）要求：

① 该龙泉剑的具体尺寸为：刃长：770 mm，剑柄长：190 mm，刃宽：约 35 mm，剑尖到剑柄尾部长度：950 mm 左右。其余未注尺寸地方，由参赛选手自由设计。

② 三维模型整体比例合适，局部特征完整。

③ 绘制完成后，参赛选手自定义适合的材料样式及颜色样式应用。

④ 可以单个建模，也可以装配建模。方式不限。结果保存在参赛选手文件夹中，以 LQJ 命名。

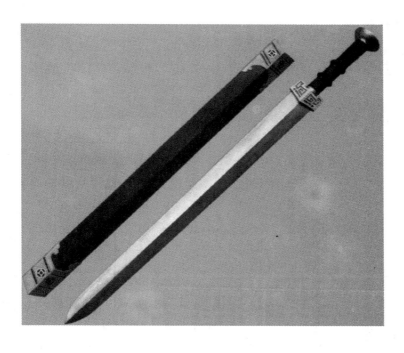

附录 5　CAD 技能考试试题

第一期 CAD技能一级(计算机绘图师)考试试题—工业产品类

试题要求:

1. 考试方式:计算机操作,闭卷;
2. 考试时间为180分钟;
3. 打开绘图软件后,考生在指定的硬盘文件夹内建立一个新的图形文件,并以你的考号和姓名结合为文件
命名(例如:08001刘青平.dwg)。

一、绘制图幅(10分)

① 按1:1比例绘制A2图纸边框(细实线,幅面594X420),在A2图纸幅面内用细实线划分出4个A4幅面
(297X210),左边两个分别绘制:二、三题(不画图框线),右边两个分别绘制:四、五题(四题更要画
出图框线(粗实线),幅面287X200)和细线化标题栏(细实线,幅面287X200)和
明细栏);

② 按以下规定设置图层及线型,并设定线宽:

图层名称	颜色(颜色号)	线型	线宽
01	白 (7)	粗实线 Continuous	0.5
02	绿 (3)	细实线 Continuous	0.25
03	黄 (2)	虚线 Dashed	0.25
04	红 (1)	点画线 Center	0.25

③ 按国家标准的有关规定设置文字样式,然后在里、四、五题要求出的简化标题栏和明
细栏(不标注尺寸)。

二、按1:比例画出右边图形,不标注尺寸。(10分)

三、根据已知印立体的两个视图,按1:1比例画出立体的三视图,并在主、左视图上适当地进行剖视。不标注尺寸。(20分)

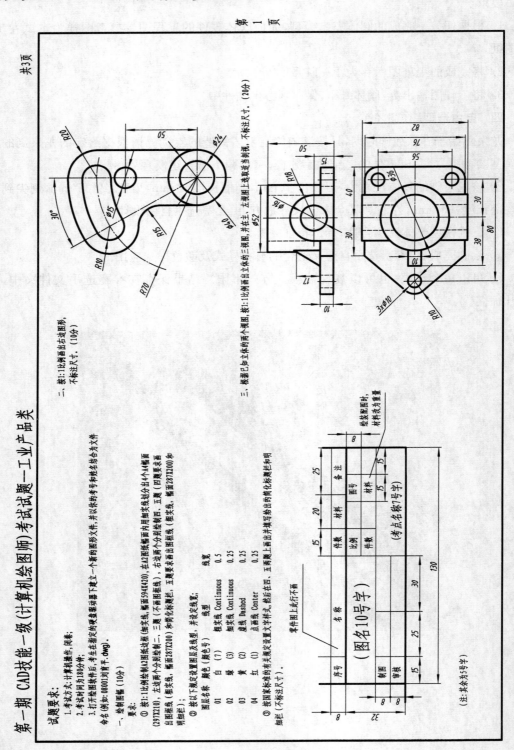

序号	名　称		件数	比例	件数	图号		备注	
	(图名10号字)							8	
				材料			材料		
制图	单核								(绘制整图时, 材料改为重量)
				(考点名称7号字)					

零件图上均注不画

(注:其余为7号字)

第 1 页

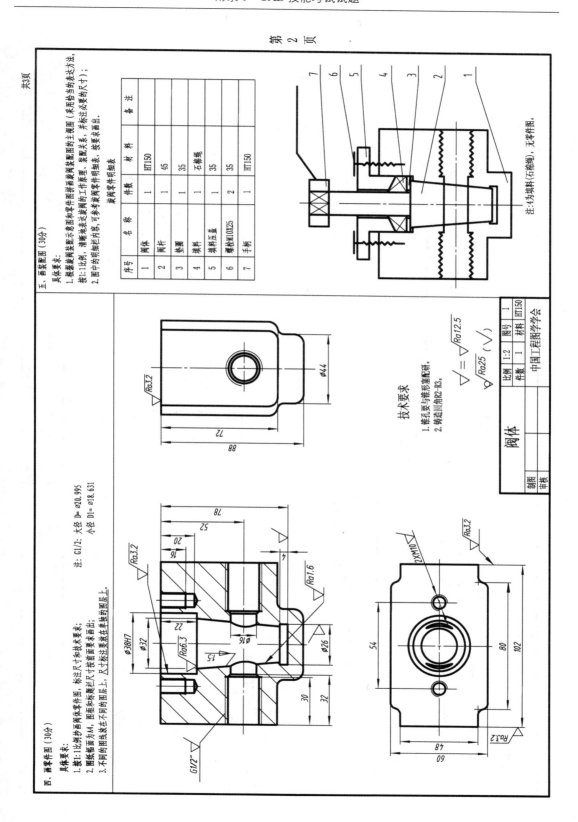

四、画零件图（30分）

具体要求：
1. 根据如图所画阀体零件图，标注尺寸和技术要求；
2. 图纸幅面为A4，图框和标题栏尺寸按要求画出；
3. 不同的图线放在不同的图层上，尺寸标注要放在单独的图层上。

注：G1/2：大径 D= Ø20.995
小径 D1= Ø18.631

五、画装配图（30分）

具体要求：
1. 根据凝阀装配示意图和零件图拼画出凝阀装配图的主视图（采用恰当的表达方法，采用恰当的尺寸）；
2. 按1:比例，清晰地表达该凝阀的工作原理、装配关系，并标注必要的尺寸；
3. 图中的明细栏内容，可参考凝阀零件明细表。按要求画出。

凝阀零件明细表

序号	名　称	件数	材　料	备　注
1	阀体	1	HT150	
2	阀杆	1	45	
3	垫圈	1	35	
4	填料	1	石棉绳	
5	填料压盖	1	35	
6	螺栓M10X25	2	35	
7	手柄	1	HT150	

注：4为填料（石棉绳），无零件图。

技术要求

1. 锥孔要与锥形塞配研。
2. 铸造圆角R2~R3。

$\sqrt{} = \sqrt{Ra12.5}$
$\sqrt{Ra25}$ （$\sqrt{}$）

阀体		比例	1:2	图号	1
		件数	1	材料	HT150
制图			中国工程图学学会		
审核					

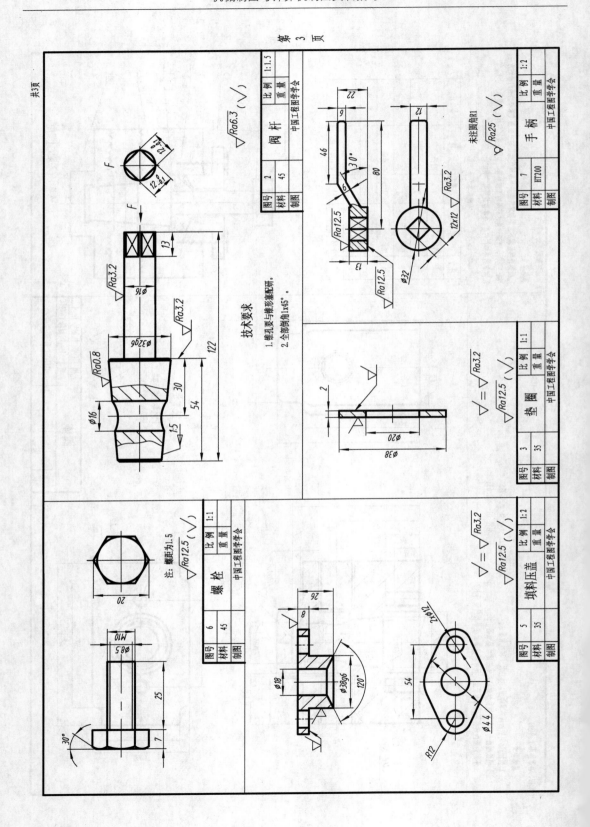

第一期 CAD技能二级(三维数字建模师)考试试题——工业产品类

试题要求: 闭卷, 计算机操作, 考试时间为180分钟。

一、实体造型 (45分)
①按照各零件图中所注尺寸生成12个零件的实体造型, 并设置当销饰: (1) 阀体1; (2) 套筒2; (3) 螺帽3; (4) 阀门
4; (5) 垫圈5; (6) 凹环6; (7) 填料7; (8) 螺帽8; (9) 把手9; (10) 螺母10; (11) 调节螺母11; (12) 凸环12。
②用零件名称作为文件名保存在以考生姓名为名称的文件夹中。

二、装配 (20分)
①按照旋转开关的装配图, 将生成的零件实体装配成旋转开关的装配体;
②生成爆炸图, 拆解顺序要与装配顺序相匹配;
③用装配体文件名作文件名保存在考生文件夹中。

三、根据阀体三维模型生成阀体的二维零件图, 或根据开关阀装配体生成旋转开关的二维装配图 (25分)
要求如下:
①画图, 在A3图纸上采用恰当的表达方法, 完整、清晰地表达开关阀装配体或阀体零件图, 或旋转开关配图;
②标注尺寸, 按零件图或装配图的要求标注尺寸, 尺寸数字为2.5号字;
③技术要求, 标注零件图中的表面结构要求 (或装配图中的序号), 填写标题栏 (或明细表) 等, 汉字采用仿宋体, 3.5号字;
④用零件名称 (或装配体名称) 作文件名保存在考生文件夹中。

四、曲面造型 (10分)
按照图示立体的形状 (水杯), 进行三维曲面造型 (不要求添加表面图案), 然后用水杯作文件名保存在考生文件夹中。

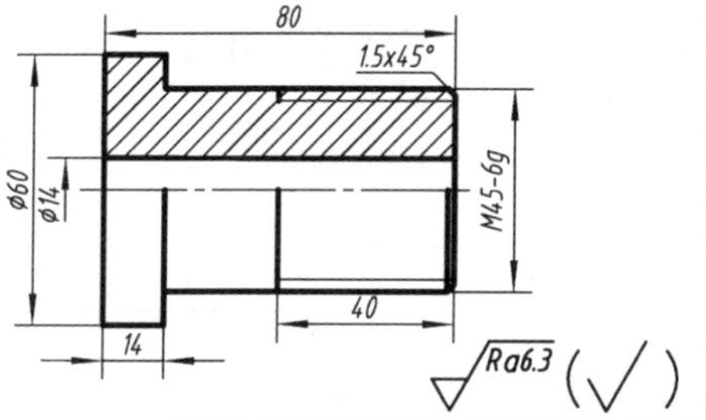

凹环

序号	6	比例	1:2
材料	20	重量	
制图		中国工程图学会	

$\sqrt{Ra3.2}$　$= \sqrt{Ra6.3}$　$(\sqrt{\ \ })$

120°　Ø72h9　Ø30H7　20　未注倒角1×45°

螺帽

序号	3	比例	1:4
材料	20	重量	
制图		中国工程图学会	

$\sqrt{Ra6.3}$　$(\sqrt{\ \ })$

82

螺母M24

序号	10	比例	1:2
材料	20	重量	
制图		中国工程图学会	

$\sqrt{Ra3.2}$　$(\sqrt{\ \ })$

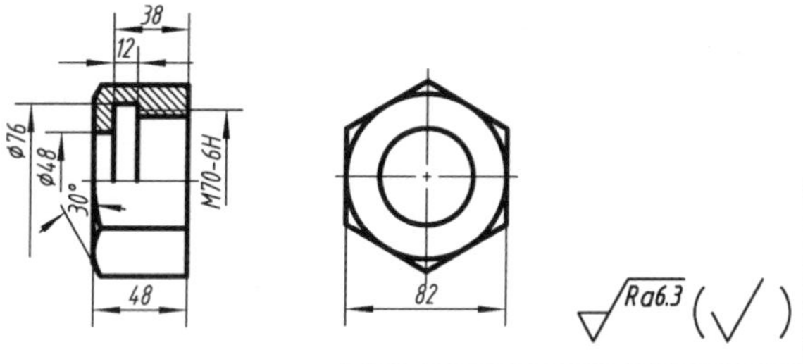

36　18　M24　30°　未注倒角1.5×45°

套筒

序号	2	比例	1:2
材料	15	重量	
制图		中国工程图学会	

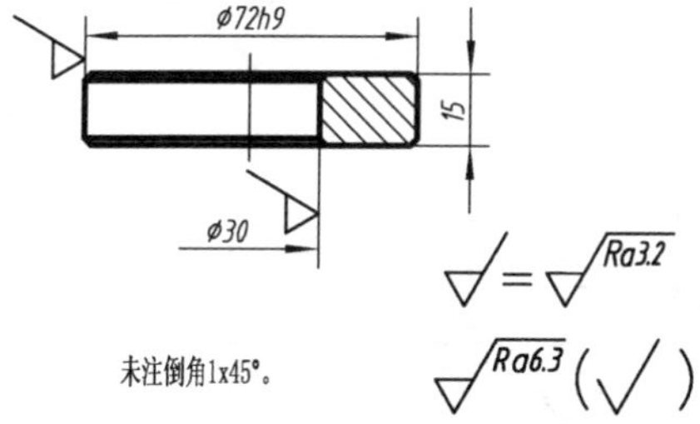

$\sqrt{Ra6.3}$　$(\sqrt{\ \ })$

M70-6H　38　12　48　Ø48　Ø76　30°

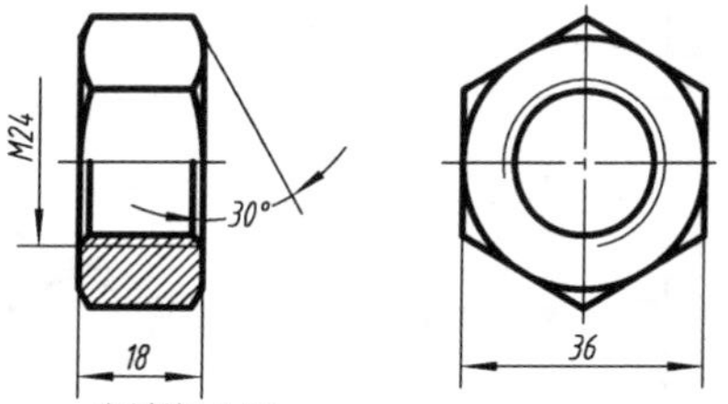

15×45°　80　40　14　Ø14　Ø60　M45-6g

垫圈

序号	5	比例	1:2
材料	20	重量	
制图		中国工程图学会	

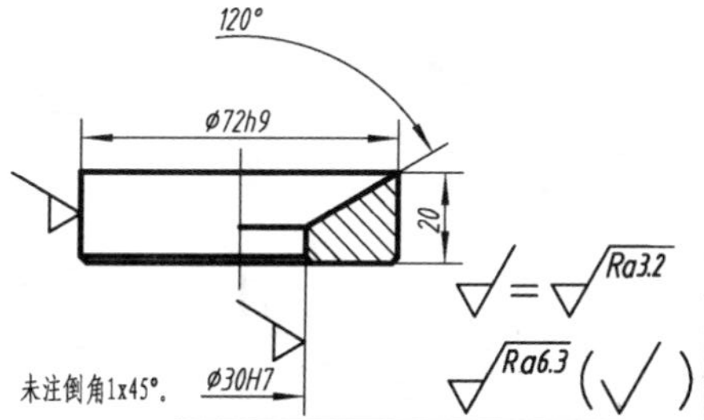

$\sqrt{Ra3.2}$　$= \sqrt{Ra6.3}$　$(\sqrt{\ \ })$

15　Ø72h9　Ø30　未注倒角1×45°

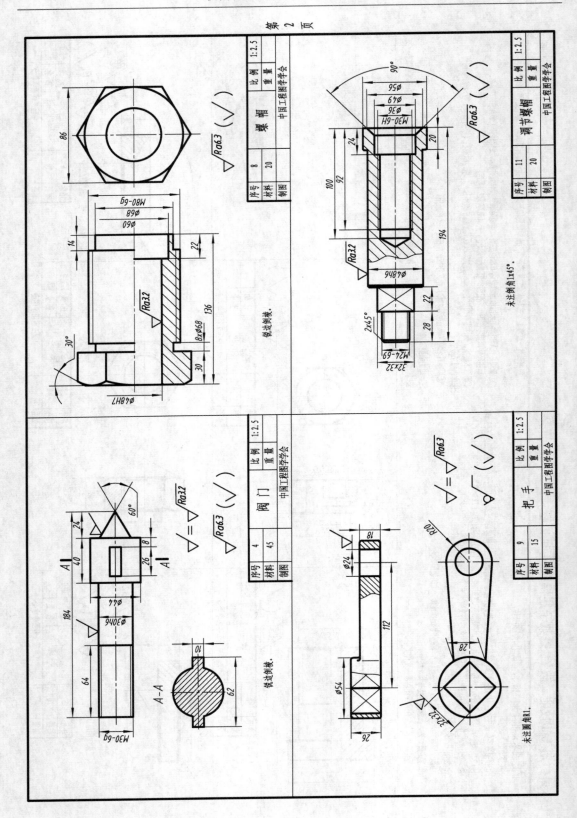

第 3 页

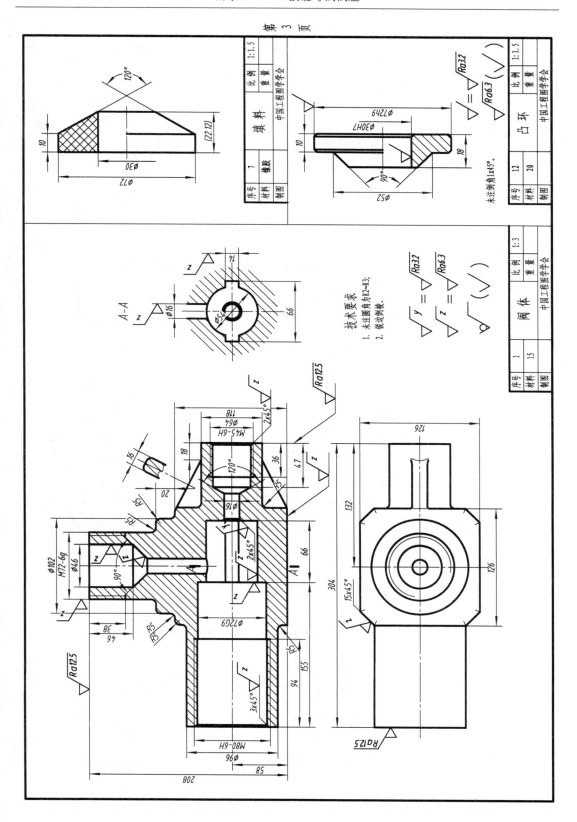

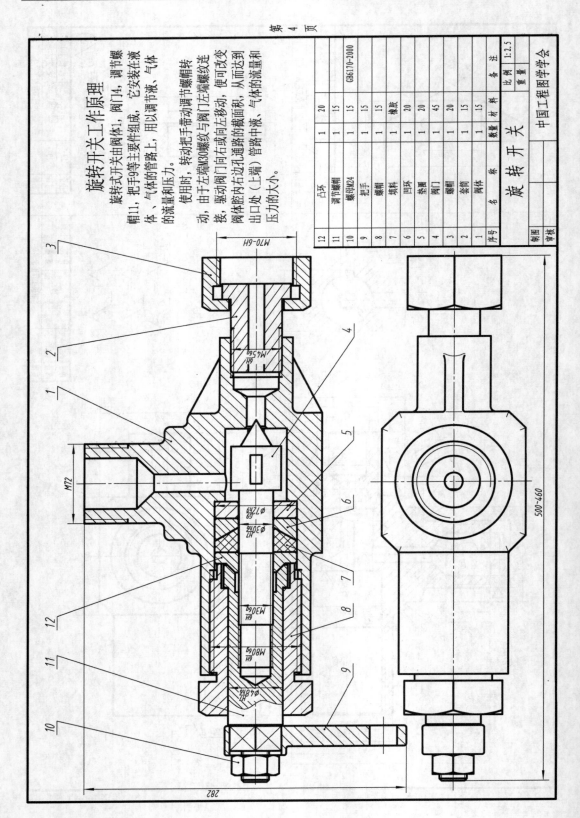

旋转开关工作原理

旋转式开关由阀体、阀门14、调节螺帽11、把手等主要零件组成。它安装在液体、气体等的管路上，用以调节液、气体的流量和压力。

使用时，转动把手带动调节螺帽转动，由于左端M30螺纹与阀门左端螺纹连接，驱动阀门向右改变或向左移动，便可改变阀体腔内右边小孔通路的截面积，从而达到出口处（上端）管路中液、气体的流量和压力的大小。

序号	名 称	数量	材 料	备 注
12	凸环	1	20	
11	调节螺帽	1	15	
10	螺母M24	1	15	GB6170-2000
9	把手	1	15	
8	螺帽	1	15	
7	填料	1	橡胶	
6	凹环	1	20	
5	垫圈	1	20	
4	阀门	1	45	
3	螺帽	1	20	
2	套筒	1	15	
1	阀体	1	15	

旋 转 开 关

制图		比例	1:2.5
审核		重量	

中国工程图学学会

M70-6H
6H/M45×5g
M72
H7/f6 φ17
6H/M30×g
6H/M80×g
φ48 H6/f6
500~460
282

参考文献

［1］钱可强. 机械制图［M］. 北京：机械工业出版社，2003.8

［2］金大鹰. 机械制图［M］. 北京：机械工业出版社，2002.8

［3］邬克农. 机械制图［M］. 武汉：华中理工大学出版社，1998.1

［4］刘哲，高玉芬. 机械制图［M］. 大连：大连理工大学出版社，2012.5

［5］闫照粉. 机械制图［M］. 苏州：苏州大学出版社，2010.8

［6］安淑女，闫照粉. 机械制图［M］. 南京：南京大学出版社，2016.8

［7］安淑女，史俊青. 机械制图. 第二版［M］. 北京：煤炭工业出版社，2009.8

［8］杨月英，张效伟等. 中文版 AutoCAD2014 机械绘图［M］. 北京：机械工业出版社，2016.8

［9］张玉琴，张绍忠. AutoCAD 上机实验指导与实训［M］. 北京：机械工业出版社，2011.11

［10］闫照粉. AutoCAD 工程绘图实训教程［M］. 苏州：苏州大学出版社，2012.7